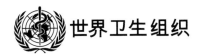
世界卫生组织

WHO技术报告系列 989

WHO烟草制品管制研究小组

烟草制品管制科学基础报告

WHO研究组第五份报告

胡清源　侯宏卫　等◎译

科学出版社

北京

图字：01-2015-3385 号

内 容 简 介

　　本报告呈现了 WHO 烟草制品管制研究小组于 2013 年 12 月在其第七次会议上达成的结论和给出的建议。在第七次会议期间，研究组审议了四份受会议特别委托而撰写的背景文章，分别阐述以下四个议题：①包括潜在降低暴露量产品在内的新型烟草制品；②无烟烟草制品：研究需求和管制建议；③降低引燃能力的卷烟：研究需求和管制建议；④烟草制品有害成分及释放物的非详尽优先清单。本报告第 2~5 章分别阐述这四个议题，在各章结尾处给出研究组的建议；第 6 章为总体建议；第 7 章阐述烟草管控现状。

　　本报告会引起吸烟与健康、烟草化学以及公共卫生学等诸多领域研究人员的兴趣，可以为从事烟草科学研究的科技工作者和烟草管制研究的决策者提供权威性参考，还对烟草企业的生产实践有重要的指导作用。

图书在版编目(CIP)数据

　　烟草制品管制科学基础报告: WHO研究组第五份报告 / WHO烟草制品管制研究小组著; 胡清源等译 — 北京: 科学出版社, 2015.9
　　（WHO技术报告系列989）
　　书名原文: WHO study group on tobacco product regulation: report on the scientific basis of tobacco product regulation: fifth report of a WHO study group （WHO technical report series; no. 989）
　　ISBN 978-7-03-044751-7

　　Ⅰ.①烟… Ⅱ.①W… ②胡… Ⅲ.①烟草制品 – 科学研究 – 研究报告 Ⅳ.①TS45

　　中国版本图书馆CIP数据核字（2015）第124325号

责任编辑：刘　冉／责任校对：赵桂芬
责任印制：徐晓晨／封面设计：铭轩堂

科学出版社 出版
北京东黄城根北街 16 号
邮政编码：100717
http://www.sciencep.com

北京教图印刷有限公司印刷

科学出版社发行　各地新华书店经销
*
2015年9月第　一　版　开本：890×1240 A5
2015年9月第一次印刷　印张：10 1/4
字数：300 000
定价：120.00元

（如有印装质量问题，我社负责调换）

译 者 序

　　2003 年 5 月,第 56 届世界卫生大会 *通过了《烟草控制框架公约》（FCTC）,迄今已有包括我国在内的 180 个缔约方。根据 FCTC 第 9 条和第 10 条的规定,授权世界卫生组织（WHO）烟草制品管制研究小组（TobReg）对可能造成重要公共健康问题的烟草制品管制措施进行鉴别,提供科学合理的、有根据的建议,用于指导成员国进行烟草制品管制。

　　自 2007 年起,WHO 陆续出版了五份烟草制品管制科学基础报告,分别是 945,951,955,967 和 989。WHO 烟草制品管制科学基础系列报告阐述了降低烟草制品的吸引力、致瘾性和毒性等烟草制品管制相关主题的科学依据,内容涉及烟草化学、代谢组学、毒理学、吸烟与健康等烟草制品管制的多学科交叉领域,是一系列以科学研究为依据、对烟草管制发展和决策有重大影响意义的技术报告。将其引进并翻译出版,可以为相关烟草科学研究的科技工作者提供科学性参考。希望引起吸烟与健康、烟草化学和公共卫生学等诸多应用领域科学家的兴趣,为客观评价烟草制品的管制和披露措施提供必要的参考。

　　第一份报告（945）由胡清源、侯宏卫、韩书磊、陈欢、刘彤、

---

　　* 世界卫生大会（World Health Assembly,WHA）是世界卫生组织的最高权力机构,每年召开一次。

付亚宁翻译，全书由韩书磊负责统稿；

　　第二份报告（951）由胡清源、侯宏卫、刘彤、付亚宁、陈欢、韩书磊翻译，全书由刘彤负责统稿；

　　第三份报告（955）由胡清源、侯宏卫、付亚宁、陈欢、韩书磊、刘彤翻译，全书由付亚宁负责统稿；

　　第四份报告（967）由胡清源、侯宏卫、陈欢、刘彤、韩书磊、付亚宁翻译，全书由陈欢负责统稿；

　　第五份报告（989）由胡清源、侯宏卫、陈欢、刘彤、韩书磊、付亚宁翻译，全书由陈欢负责统稿。

　　由于译者学识水平有限，本中文版难免有错漏和不当之处，敬请读者批评指正。

2015 年 4 月

目　　录

WHO 烟草制品管制研究组第七次会议

巴西里约热内卢，2013 年 12 月 4 ～ 6 日

参加者

D. L. Ashley 博士，美国食品药品管理局（马里兰州罗克维尔）烟草制品中心科学办公室主任

O. A. Ayo-Yusuf 教授，Sefako Makgatho 卫生科学大学（南非比勒陀利亚）口腔卫生科学学院院长

A. R. Boobis 教授，英国伦敦帝国学院医学系药理学与治疗学中心生化药理学专业；伦敦帝国学院公共卫生英格兰毒理学课题组组长

Vera Luiza da Costa e Silva 博士，巴西里约热内卢高级公共卫生专家，独立顾问

M. V. Djordjevic 博士，美国国家癌症研究所（美国马里兰州贝塞斯达）癌症控制与人口科学部烟草控制研究课题组行为研究项目负责人

N. Gray 博士，维多利亚癌症委员会（澳大利亚墨尔本）高级荣誉合伙人

P. Gupta 博士，Healis Sekhsaria 公共卫生研究所（印度孟买）所长

S. K. Hammond 博士，加利福尼亚大学伯克利分校（美国加利福尼亚州伯克利）公共卫生学院环境卫生学教授

D. Hatsukami 博士，明尼苏达大学（美国明尼苏达州明尼阿波利斯）

精神病学教授

J. Henningfield 博士，约翰·霍普金斯大学医学院行为生物学兼职教授；
Pinney 协会（美国马里兰州贝塞斯达）研究与健康政策部副总裁

A. Opperhuizen 博士，荷兰乌得勒支省风险评估与研究办公室主任

G. Zaatari 博士，WHO 烟草制品管制研究小组主席；贝鲁特美国大
学（黎巴嫩贝鲁特）病理学与实验医学系教授

WHO FCTC 第 9 条和第 10 条工作组会议专家

P. Altan 博士，土耳其卫生部（土耳其安卡拉省）烟草控制司

A. C. Bastos de Andrade 博士，巴西国家卫生监督管理局（Agência
Nacional de Vigilância Sanitária）（巴西里约热内卢）烟草制品控制
司司长

Katja Bromen 博士，欧盟健康与消费者理事会（比利时布鲁塞尔）
D4 单元人类起源物质与烟草控制组政策官员

D. Choinière 先生，加拿大卫生部（加拿大安大略省渥太华）管制物
质与烟草理事会烟草制品管制办公室主任

发言人

G. Ferris Wayne 博士，美国加利福尼亚州

R. Grana 博士，加利福尼亚大学（美国加利福尼亚州圣弗朗西斯科）
烟草控制研究与教育中心博士后

M. Parascandola 博士，美国国家癌症研究所（美国马里兰州）癌症控
制与人口科学部行为研究项目烟草控制研究课题组流行病学专业

R. Talhout 博士，荷兰国家公共卫生与环境研究所（荷兰比尔特霍芬）
健康防护中心

WHO FCTC 公约秘书处（瑞士日内瓦）

K. Brown 女士，项目官员

WHO 美洲地区办公室

A. Blanco 博士，烟草控制地区顾问，美国华盛顿特区

WHO 秘书处（非传染疾病预防，瑞士日内瓦）

M. Aryee-Quansah 女士，无烟草行动司行政助理

A. Peruga 博士，无烟草行动司计划理事

V. M. Prasad 博士，无烟草行动司项目理事

G. Vestal 女士，无烟草行动司法定技术官员

致　　谢

　　WHO 要感谢许多人对烟草制品管制研究小组（TobReg）第五份报告的贡献。Gemma Vestal 女士负责协调，Armando Peruga 博士和 Douglas Bettcher 博士负责监督和支持。

　　本报告的工作开始于 2012 年 11 月 12~17 日在韩国首尔召开的 WHO《烟草控制框架公约》（FCTC）第五次缔约方会议，2014 年 10 月 13~18 日在俄罗斯莫斯科又继续召开了第六次会议。本报告由 WHO 总干事提交给将于 2015 年 1 月 25 日至 2 月 3 日在瑞士日内瓦召开的第 136 届执行委员会会议。

　　衷心感谢所有 TobReg 成员，感谢他们全心奉献，付出时间，一直履行就烟草制品管制这一烟草管控最复杂领域向 WHO 提供咨询的承诺。作为独立的专家成员，TobReg 免费向 WHO 提供服务。为了回应缔约方会议在其第五次会议上向 WHO 提出的请求，TobReg 成员为 2013 年 12 月在巴西里约热内卢召开的 TobReg 第七次会议起草了参考条款用于指导一系列述评，并作为背景文件和会议讨论的基础。

　　衷心感谢关于新型烟草制品的背景文章的作者 Irina Stepanov 博士、Lya Soeteman-Hernández 博士和 Reinskje Talhout 博士等，感谢他们提供的翔实的资料。他们的工作由 Mirjana Djordjevic 博士（TobReg）监督。完整的背景文章作为附录 1 附在本报告中。

向我们的同事，来自美国疾病控制与预防中心的 Samira Asma 博士和来自美国国家癌症研究所的 Mark Parascandola 博士致谢，感谢他们为 WHO 起草题为"无烟烟草与公众健康：全球视角"的报告。这一权威、详细的报告，发表于 2014 年，随后由 Dorothy Hatsukami 博士（TobReg）和 BLH 科技的 Lindsay Pickell 女士提交给 TobReg 第七次会议。

向关于低引燃倾向卷烟的背景文章的作者，来自哈佛大学公共卫生学院的 Greg Connolly 博士和 Hillel Alpert 博士致谢。他们踊跃并完全地更新了 TobReg 于 2008 年出版的关于低引燃倾向卷烟的原创文章。该背景文章的工作由 Alan Boobis 博士（TobReg）和 O. A. Ayo-Yusuf 教授（TobReg）监督。

Geoff Ferris Wayne 先生撰写了通过降低烟碱释放量至不会引起或维持成瘾的水平来降低卷烟潜在致瘾性的背景文章。该文章作为附录 3 附在本报告中。WHO 感谢 Wayne 先生在撰写 2013 年 12 月提交给 TobReg 的文章中所付出的时间和精力，并感谢他继续参与 TobReg 工作以完成关于这一重要议题的结论和建议。背景文章的工作由 Jack Henningfield 博士监督，很遗憾他于 2014 年 1 月辞去了 TobReg 的工作。WHO 想借此机会来向 Henningfield 博士表达最诚挚的感谢，感谢他多年来专注、高效地服务于 TobReg。他是 TobReg 的"思想领袖"之一，也是一位多产的作者。

第五次缔约方会议还要求 WHO 起草一个烟草制品有害成分和释放物的非详尽优先清单。这部分工作由三个 TobReg 成员领导，分别是烟草实验室网络（TobLabNet）前主席 David Ashley 博士，TobLabNet 现任主席 Antoon Opperhuizen 博士和 TobReg 现任主席 Ghazi Zaatari 博士。

　　TobReg 第七次会议讨论了氨在增加烟碱向大脑传输中的作用。关于这一主题的背景文章由美国疾病控制与预防中心的 Christina Watson 女士撰写。该文章作为附录 2 附在本报告中，以方便学者和政策制定者。该文章的工作由 David Ashley 博士（TobReg）监督。

　　本报告还包括 TobReg 的先驱之一 Nigel Gray 博士对于烟草烟气管制及现状的评论。Gray 博士于 2014 年 12 月 20 日去世，享年 90 岁。Gray 博士是国际社会烟草控制领域著名的活动家、学者和远见者。作为 TobReg 成员，Gray 博士在许多高度复杂的领域具有领导力和宝贵的洞察力，这些复杂性来源于大多数的研究是由烟草行业进行的，而且许多成员国没有对其进行透彻分析的能力。WHO 无烟草行动司认为将 Gray 博士的评论收录在这份报告中，是向 TobReg 首要"思想领袖"的致敬。Gray 博士的遗作可见于许多这些年来已出版的 TobReg 建议。

　　为了确保 WHO 通过公约秘书处向缔约方会议提交烟草制品管制的需求信息，WHO 和 TobReg 与 WHO FCTC 第 9 条和第 10 条工作组的协调组密切合作。WHO 感谢 Ana Claudia Bastos de Andrade 女士（巴西）、Denis Choinière 先生（加拿大）、Katja Bromen 博士（欧盟）和 Peyman Altan 博士（土耳其）的重大贡献。

　　WHO 还感谢公约秘书处的同事在本报告的制作中提供的协助，分别是：Karlie Brown 女士、Guangyuan Liu 女士和 Tibor Szilagyi 博士（技术官员）、Haik Nikogosian 博士（公约秘书处前负责人）和 Vera da Costa e Silva 博士（公约秘书处现负责人）。

　　感谢多年的制作过程中 WHO 同事提供的行政支持，分别是 Miriamjoy Aryee-Quansah 女士、Gareth Burns 先生、Elaine Alexandre Caruana 女士、Luis Madge 先生、Elizabeth Tecson 女士和 Rosane

Serrao 女士。

特别感谢 WHO 美洲地区办事处烟草控制地区顾问 Adriana Blanco 博士确保 TobReg 会议在巴西的顺利召开。真诚地感谢巴西国家卫生监督管理局（Agência Nacional de Vigilância Sanitária，ANVISA）的 Ana Claudia Bastos de Andrade 女士在为 ANVISA 同烟草行业煽动的多起诉讼进行辩护的同时，还毅然主办了 2013 年 12 月巴西里约热内卢的 TobReg 第七次会议。此外，ANVISA 提供了急需的财政援助，使得会议得以召开。

也衷心感谢 WHO 的编辑、审稿和校对以及印度的排版公司 Talk Infosystems，感谢他们对细节的关注和对多轮编校的耐心。

最后，WHO 深深地向无烟草行动司的前实习生表示深切感谢，感谢他们为本报告的完成贡献了大量的实习时间，他们是：Aurelie Abrial 女士、Colleen Ciciora 女士、Adrian Diaz 先生、Richelle Duque 博士、Mary Law 女士、Christina Menke 女士、Hannah Patzke 女士和 Angeli Vigo 女士。我们希望他们在未来的光明职业生涯之外，能继续充满激情地在烟草控制的某些方面工作。

无疑，还有许多人我们没有提到，因为有如此多的人参与本报告的制作。我们为任何遗漏道歉。因此，我们要感谢那些提到的和没有提到的人。没有你们的帮助与支持，就没有这份报告。非常感谢你们。

1. 前　言

WHO 烟草制品管制研究小组（TobReg）^①被授权向 WHO 总干事提供给予成员国关于烟草制品管制的科学合理、有依据的建议。与 WHO《烟草控制框架公约》（FCTC）第 9 条和第 10 条一致，TobReg 识别用以管制构成重大的公众健康问题并为烟草控制政策带来挑战的烟草制品的方法。

烟草制品管制对于烟草控制至关重要，得到 WHO FCTC 第 9,10,11 条规定的支持。管制通过对烟草制品制造、包装、标识和分发的有意义的监督服务于公众健康目的。用于实施条款的科学原则在每一条款描述的管制实践之间产生协同强化效应。

烟草制品管制包括通过测试、测量和强制披露结果来监管其成分和释放物，以及包装和标识。烟草制品生产和执行烟草制品设计、成分和释放物的规定，以及它们的分发、包装和标识等都需要政府监管，以保护和促进公众健康。

化工消费产品的监管通常在审查其相关风险、可能暴露量、适用类型和生产商的营销信息等之后进行。许多行政区要求生产商根据产品危险特性进行分类和标识，以控制有害成分或限制该产品的广告、促销和赞助。

---

① 　http://www.who.int/tobacco/industry/product_regulation/tobreg/en.

TobReg 审议了与烟草制品管制相关主题的科学依据，并识别了填补烟草控制管制空白的研究需要。TobReg 由国内和国际上产品管制、烟草依赖治疗以及烟草成分和释放物实验室分析方面的专家组成。作为 WHO 的一个正式实体，TobReg 通过总干事向 WHO 执行委员会报告，以引起成员国对 TobReg 在复杂的烟草控制领域，即烟草制品管制方面工作的关注。

TobReg 第七次会议于 2013 年 12 月 4~6 日在巴西里约热内卢举行。讨论的主要问题是针对 WHO FCTC 缔约方会议（COP）第五次会议（韩国首尔，2012 年 11 月 12~17 日）上向 WHO 提出的要求：

- 监测并密切跟踪新烟草制品的演变情况，包括可能"改良风险"的制品，并向缔约方会议报告任何相关发展；
- 针对背景文件（文件 FCTC/COP/5/9 附件 3）第 12 节有关仍需研究的有烟和无烟烟草制品致癌性（依赖性倾向）方面的内容开展一些活动；
- 监测和研究降低点燃倾向卷烟方面的国家经验和科学发展；
- 确认可能会减少有烟和无烟烟草制品毒性的措施，介绍支持此类措施有效性的证据以及缔约方在此事项方面的经验，供缔约方会议审议；
- 编纂，向缔约方提供以及更新烟草制品有害成分和释放物的非详尽清单，并就缔约方可如何最佳利用此类信息提出意见；
- 就《世界卫生组织框架公约第 9 条和第 10 条实施准则的部分案文》所建议的措施撰写实况报道草案；
- 继续对用于检测和测定卷烟成分及释放物的分析化学方法进行验证，并报告进展情况。

继这一要求之后，会议还委托撰写了一些背景文章。此外，通过世界卫生组织向所有成员国提交的一次性烟草制品调查，收集了关于新型烟草制品和降低点燃倾向的卷烟可得性和管制的信息。有90个国家答复，占世界人口的77%左右。

本报告侧重于四个 TobReg 已发布明确建议的主要议题：新型烟草制品、无烟烟草制品、低引燃倾向卷烟和烟草制品有害成分和释放物的非详尽清单。作为新型烟草制品讨论基础的背景文章收录在本报告中（附录1），关于添加氨以增加烟碱向大脑传输的行业实践的背景文章作为本报告附录2。在其第八次会议上，TobReg 将审议的主题定为"通过降低卷烟烟碱释放量至不会引起或维持成瘾的水平来降低卷烟的潜在致癌性"，因为对这一主题的讨论尚未得到完全一致的研究和监管建议。这份在2013年12月第七次会议上讨论的背景文章作为附录3提供给研究人员和政策制定者。

本报告还包括一个评论，该评论是基于 TobReg 的先驱之一，Nigel Gray 博士独立撰写的一篇关于烟草烟气管制及现状的文章，该文章是在2013年的第七会议上提出的。不幸的是，Gray 博士在2014年12月20日去世，享年90岁。[②] 因为其内容和目标的重要性，TobReg 成员一致推荐收录 Gray 博士这篇深思熟虑的评论，还一致认为 Gray 博士是公共卫生和烟草控制领域的领导者和远见者。

TobReg 希望本报告中的结论、建议和咨询说明能够有助于成员国实施 WHO FCTC 的产品监管条款。

[②]　WHO 对 Nigel Gray 博士的致敬请见 http://www.who.int/tobacco/communications/highlights/nigelgray/en.

2. 包括潜在降低暴露量产品在内的新型烟草制品：研究需求和管制建议

2.1 引　　言

本报告的这部分是基于 WHO 委托的一个背景文章（附录 1），该文章作为 2013 年 12 月在巴西里约热内卢召开的 WHO 烟草制品管制研究小组（TobReg）第七次会议议题的讨论基础。

2000 年以来，多种多样的新型烟草制品类型和技术进入世界市场。根据 WHO，除了含有烟草以外，"新的"或"新型"烟草制品必须至少满足下列条件中的一个：

- 应用新的或非常规的技术，例如使烟草汽化进入肺部或卷烟滤嘴中使用薄荷丸。
- 上市不足 12 年的产品类型；包括可溶烟草制品。
- 上市已久的产品类型，但市场份额在按传统不使用此类制品的区域中增加，例如无烟烟草制品被引入原本不具有此类制品的国家。
- 营销制品或发表文章的目的是在营销该制品时能够声称这些制品有潜力减少接触烟草烟雾中发现的有害化学品。

一些新型产品被设计用于口服，如可溶烟草制品和美国制造的"snus"[1-3]。其他的大体上是改良的卷烟，可能包括特殊处理的烟草、新型滤嘴或传输吸入烟草的新方法（如在一个较低的燃烧温度或通过加热而不是燃烧烟草）[4-6]。至少有一些新型产品反映了行业减少有害烟草或烟气成分暴露的努力，且一些隐含或具有明确健康声明的新型产品已上市。行业研究表明，不久的将来可能出现更多的新型产品 [7,8]。

新的烟草制品和类型及其独特的物理或化学特性可能会改变消费者对有害和致癌的烟草成分的暴露。这些变化的结果，无论是积极的还是消极的，都很难预测。新型产品的特性和任何相关的健康声明都可能会增加它们的致癌性和吸引力，从而促进持续使用。即使一个新型产品相对传统卷烟具有较少毒性，其可能作为吸烟的附属物来销售或使用，为一些人提供无法吸烟时临时缓解烟碱需求的手段，从而延缓这些人的戒烟 [3,9]。新型产品也可能吸引新用户，包括可能本来不会开始吸烟的青少年 [2,3]。为了充分解决新型产品相关的公众健康问题，所有可作为一种促进戒烟手段，引起开始使用和烟草成瘾或通过双重使用维持吸烟的产品，都应受到管制，以使收益最大化和危害最小化，包括含有烟草的和不含烟草的产品。

监控新型烟草制品进入国际市场的系统方法有助于指导烟草控制并评估其潜在的公众健康影响。评估新型和潜在低危害烟草制品的基本原则需要考虑成分的实际暴露和摄入量、针对产品的行为调整、营销手段、消费者的观念和模式及使用人群 [5,10]。

2.2　2014 年 WHO 烟草制品调查结果

一份关于无烟烟草制品、电子烟碱传输系统、低引燃倾向（RIP）卷烟和新型烟草制品 ③ 的调查于 2013 年被送往所有 WHO 成员

---

③　排除了在传统具有卷烟、雪茄、斗烟、自卷烟或口嚼烟等产品的市场上代表这些产品变化的情况。同时，为了本报告的目的，也排除了电子烟碱传输系统，如电子烟和草本卷烟；一份特别文件涵盖了这类产品（document FCTC/COP/6/10 Rev., http://apps. who.int/gb/fctc/PDF/cop6/FCTC_COP6_10Rev1-en.pdf,accessed on 10 December 2014）.

国。④ 新型烟草制品在 13 个成员国可获得，代表世界人口的 28%。监管控制新型产品的生产（26 个成员国，占世界人口的 26%）、分发（33 个成员国，32%）和销售（39 个成员国，32%），可能是其可获得性有限的一个因素。有新型产品销售的成员国中只有三个报道国内生产，七个报道这类产品是进口的，另有三个没有报道来源。11 个成员国（占世界人口的 28%）要求新型产品销售的政府许可证，44 个国家（34%）有政策限制向未成年人销售这些产品，具体来说，这些产品的最低可购买年龄为 16~21 岁不等。

对新型产品的营销和推广的监管仅比对销售的监管略宽泛。41 个成员国（占世界人口的 35%）全面禁止烟草广告、新型烟草制品的促销和赞助，而 32 个成员国（38%）报告说没有这样的禁令。9 个成员国（26%）报道这些产品的包装声称其改良或降低风险或危害，但这 9 个成员国中只有 1 个对这些产品的特性或成分造成危害的潜

---

④ 截至 2014 年 4 月 9 日，共有 90 个国家（包括 86 个 WHO FCTC 缔约方）对调查作出回应。这些国家占世界人口的 77%，分别是：

• WHO 非洲地区：博茨瓦纳，刚果，加蓬，加纳，肯尼亚，马里，毛里塔尼亚，南苏丹，赞比亚；

• WHO 美洲地区：巴巴多斯，伯利兹，玻利维亚（多民族国家），巴西，加拿大，智利，哥伦比亚，哥斯达黎加，多米尼加，厄瓜多尔，瓜地马拉，洪都拉斯，牙买加，尼加拉瓜，巴拿马，巴拉圭，秘鲁，苏里南，乌拉圭，美国；

• WHO 欧洲地区：奥地利，白俄罗斯，比利时，克罗地亚，捷克共和国，爱沙尼亚，芬兰，法国，格鲁吉亚，冰岛，匈牙利，拉脱维亚，立陶宛，荷兰，挪威，波兰，斯洛伐克，西班牙，瑞典，俄罗斯，土耳其，乌兹别克斯坦；

• WHO 地中海东部地区：巴林，吉布提，埃及，伊朗（伊斯兰共和国），伊拉克，科威特，黎巴嫩，乔丹，摩洛哥，阿曼，巴基斯坦，卡塔尔，苏丹，阿拉伯叙利亚共和国，突尼斯，阿拉伯联合酋长国；

• WHO 东南亚地区：孟加拉国，不丹，印度，印度尼西亚，马尔代夫，缅甸，泰国；

• WHO 西太平洋地区：澳大利亚，文莱，柬埔寨，中国，斐济，日本，老挝人民民主共和国，马来西亚，蒙古，新西兰，菲律宾，帕劳共和国，韩国，汤加，图瓦卢，越南。

力进行了监管；5 个成员国报道无健康声明。

总体而言，新型产品在全球的销售是有限的；然而，超过半数成员国（占世界人口的一半以上）还存在引入新型产品而不限制其销售、营销或产品特性的可能性。

2.3　对公众健康的影响

发展毒性较小或不致瘾的新型烟草制品，可能是一个减少烟草相关死亡和疾病的全面方法，特别对于那些不愿意戒断或无法戒断其对烟草依赖的烟草使用者。然而，具有增加暴露和鼓励烟草使用风险的新型产品可能会导致对个人或整个群体产生更大的危害[11]。

关于新型产品影响的证据很有限。美国食品药品管理局烟草制品科学咨询委员会[12] 回顾了可溶烟草制品的信息并得出结论，这些产品滥用的可能性可能会比传统的抽吸型和无烟烟草制品低，而只使用可溶产品应该比抽烟更安全。然而，报告指出还没有评估绝对风险或人群风险的流行病学数据。

由于最初可溶烟草制品引入美国市场并未取得商业上的成功，这类产品的配方和包装经历了重大转变，目前尚不清楚这些产品是否能在美国或国际上持续下去。相比之下，新型 snus 似乎在美国流行起来[13]。这些产品的广告有别于传统无烟烟草制品[9,13]，且经常作为可在公共场所、酒吧、办公室和飞机上等禁烟的地方使用的流行卷烟品牌的变体来进行推广[9]。

新型 snus 和可溶产品可以抑制戒烟症状，尽管不同烟碱含量的产品有不同效果[14-16]。斯堪的纳维亚半岛的调查表明 snus 可用于有效戒烟，主要是在男性吸烟者中[17-19]，但在其他国家的吸烟者中这些产品能够完全取代卷烟的程度还是未知的，因为烟草使用情况和使用人群存在差异。在美国，虽然吸烟者通常不满意 snus 和可溶产品的口味，但他们可能使用这些产品以减少风险[20,21]或在禁烟场合满足对烟碱的渴求。更彻底地调查试验市场人群对可溶烟草制品和 snus 的反应对于向烟草控制专家提供数据和政策建议是不可或缺的[22]。

作为潜在减害装置来开发并营销的改良卷烟或替代烟草燃烧或加热装置的公众认知度或接受度都很有限[23]。之前关于产生较少有害物质的改良卷烟的研究并未发现这些有害物质实际暴露的大幅减少（如 [24]）。此外，减少有限数量的致癌物质的释放量可能不会降低整体的健康风险并有可能影响烟气中其他致癌物质的浓度[23]。在产品结构、卷烟滤嘴或其他部位引入新材料，可能会产生新的具有未知健康后果的化学物质。一些其他新型卷烟装置，如加热不燃烧烟草制品，相比传统产品似乎产生较少有害成分，并产生较低水平的生物标志物[25]；然而，还没有研究能确定使用这些产品相比卷烟会引起的疾病负担是否显著降低。这些类型的产品也可能通过宣传卷烟使用整体的安全形象，从而会间接鼓励卷烟消费[5]。由于缺乏市场渗透和作为卷烟设计替代品的销售时间较短，很难评价人群影响。

2.4　研究需求

2.4.1　监测

全球监视系统应该提供关于新型烟草制品和新的或扩展用途产

品的准确及时的数据，包括何时、何地、何种方式以及何种类型的产品得以引入以及如何引入，针对哪一群体，产品如何使用，以及它们对其他烟草制品使用的影响。监视的目的不仅是识别新型产品，也应对该类产品获得市场份额的可能性进行评估。收集的数据应包括：

- 来自随机样本 [例如通过国际标准组织（ISO）方法] 的产品说明（组成、物理参数、设计特征、包装）来解释如存储条件等因素和每批产品的差异；
- 营销和推广；
- 相对于其他烟草制品的成本；
- 产品的认知度及对烟草管控政策的态度；
- 流行率和使用方式，包括以其他产品的方式使用；
- 认知测试的结果和 / 或分组讨论以确定向受访者描述产品使其完全理解的最佳方式；
- 年轻人摄入以及是否其使用会导致其他烟草产品的使用；
- 依赖性的发展；
- 使用的原因；
- 产品使用的目标群体，如年轻人、女人以及并发症和精神疾病人群；
- 行为测量（如行为学）；
- 对产品中有害物质和烟碱的暴露。

2.4.2 风险评估框架

为了评估新型产品应建立全球管制框架，以评估行业声明的有效性及评估潜在危害。评估改良烟草制品风险的一般指导原则已由烟草制品科学咨询委员会[10]和烟碱和烟草研究协会[5]提出。主要问题如下：

传统的吸烟机检测不足以评估新型烟气或烟雾生成产品产生的有害物质。用于传统卷烟的传统方法，如吸烟机测量，可能必须进行调整，或开发新方法，因为新型产品的抽吸行为、物理和化学特性的变化，特别是那些具有可吸入气溶胶的产品，因为暴露时间可能存在不同。应进行人体行为研究以更好地理解与每一种潜在降低暴露量产品（PREP）相关的抽吸行为。

使用标准化的吸烟机产生的每毫克烟碱释放量能最小化方法之间的变异[26]。⑤ 与吸烟机相比，吸烟者往往会调整自己抽吸的量以及抽吸间隔以获取所需生物水平的烟碱。将吸烟机获得的每毫克烟碱有害物质水平调整为吸烟者烟碱摄入，可以提供对有害物质吸烟者实际暴露水平的更好估计[27]。该方法是评估钛酸纳米粒子相关的风险降低的重要因素[7,28]，然而以每毫克烟碱标准化后未发现有害成分水平降低。

卷烟主流烟气中每毫克烟碱有害成分水平的降低并不一定会降低风险。即使根据烟碱标准化有害物质水平，产品设计也可能会改变使用者的行为并带来风险。更大口抽吸会导致烟气颗粒被吸到肺部深处。烟碱水平标准化无法解决行为差异。例如，对 Eclipse 卷烟抽吸行为的研究表明，相较于根据吸烟机做出的估计，吸烟者相比传统卷烟抽吸量更大且抽吸更频繁[4,29]。在评估新型产品时应考虑抽吸行为以及物理和化学特性的变化，尤其是可吸入气溶胶，还有暴

---

⑤ 可用的吸烟机释放量标准有 ISO 标准和 TobLabNet 标准，均只适用于卷烟。尽管已有电子烟释放量测试，但尚未标准化。

露时间的差异。

　　需要建立方法来评估每种 PREP 相关的风险变化。还没有一致的方法用以评估复杂混合物如主流烟气中有害物质相关的风险。目前，"暴露限值法"被认为最适用于评价单个烟气成分的风险[30,31]。暴露限值被定义为适当暴露剂量指标的关键毒理学终点（例如，未观察到不良效应水平或基准剂量）：暴露限值越高，则风险越低。虽然对这一测量的解读取决于外推（如物种间和物种内以及暴露类型），其已被成功地用于评估新型烟草制品[30,31]。暴露限值法的局限性是其只适用于单一化合物，而不适用于混合物暴露；可以计算添加效应，但无法考虑协同效应，从而会导致低估风险。如果因为 PREP 中浓度降低导致误差界限增大，协同效应预期将减少，风险将不成比例地降低；另一方面，如果误差界限减小，由于没有精心设计的研究，则协同效应无法确定，因此总体结果未知。

　　暴露生物标志物具有有害物质特异性；因此，需要效应生物标志物来评估 PREP 的健康影响。使用相同 PREP 的个体间的暴露生物标志物浓度变化范围很大，据推测，这体现了个体吸烟和烟草使用行为，以及个体间代谢过程的差异。因此，虽然相比吸烟，使用 PREP 组的暴露生物标志物平均值往往较低，但较大的变异可能会导致一些使用者未体验到暴露的降低。通常，只有很少的暴露生物标志物得以测量，不能排除 PREP 中未检测的有害物质水平增加的可能性。例如，英美烟草公司加工过程（烟草混合处理）的一项研究中，致癌物如甲醛和苯并 [a] 芘的水平均升高[32]。释放量减少和疾病（效应）型生物标志物之间的相关性必须进行研究，以准确评估潜在的长期健康风险以及与烟草相关的全部疾病，包括心血管疾病、肺部疾病、癌症和胎儿毒性[25,33]。

新型产品的上市后监测对于确定其对人群健康的影响至关重要。上市前评价不能完全消除产品上市后使用方式及其效应的不确定性。上市后监测可以帮助识别产品被更广泛人群使用后新出现的问题，如消费者反应、滥用倾向、未成年人使用、双重使用、长期使用的影响或儿童误食[34]。同传统卷烟一样，还需要上市后管制框架来监测配方和成分。应考虑新型产品中成分和释放物的优先级。例如，水烟释放物的测量方法中，应优先考虑烟碱、多环芳烃（PAH）、醛类和一氧化碳（CO）。

还应评估新型产品吸引新用户的潜力、阻碍戒烟的潜力及其对其他烟草使用形式的影响。对新型烟草制品潜在公众健康影响的评价的考虑包括其吸引之前不使用烟草的新消费者的潜力，对抽吸传统卷烟的潜在促进，阻碍戒烟的潜力，以及这类产品会单一使用还是会导致显著双重（或多重）烟草制品使用。

2.4.3 营销与消费者认知

最近，烟草公司已经改变了他们与现有和潜在消费者的互动方式。推广特定烟草品牌的网站是烟草公司一个相对较新的营销形式[35]。应进行研究以确定网站和其他新媒体如何被用来传达品牌形象、宣传品牌活动和促销活动以及推出新型产品。还应该监测社交媒体的新趋势。

包装在塑造新产品认知中起着重大作用。传统产品品牌延伸到新型产品可以通过一个知名品牌来提高新产品的接受度。一些新型产品可能比传统产品更便宜，这可能有利于它们的接受度。

应研究烟草使用者如何认知新引入的产品以及伴随而来的烟草

生产商做出的直接或隐含健康声明。例如，吸烟者对潜在降低暴露量卷烟（Omni、Eclipse 和 Advance）广告的反应的分析表明，虽然广告没有明确声称产品是健康或安全的，吸烟者仍认为它们相比其他卷烟具有较低的健康风险和较少的致癌物质 [36]。有效的监管除了广告文本的明确内容以外，还必须考虑到广告所产生的认知。

新型烟草制品的一个重要方面是它们是否作为减少吸烟或可在戒烟场合使用的产品进行营销。这些不同的方法可能对新型产品的使用和公众健康影响有实质性的影响。

2.4.4　风险披露

应确定能够向卫生专业人员和公众提供准确、可理解的信息的有效方法，以防止或扭转对新型产品的任何误解。应考虑关于信息内容、媒体类型、信使和时机的一般交流规则，并应根据不同目标群体定制信息。正确的健康信息可以有效改变消费者和烟草控制专家对于产品的认知 [37,38]。反营销信息也可能有效阻止当前或曾经的吸烟者成为无烟烟草和卷烟的双重使用者 [39]。

2.4.5　管制问题

虽然美国市场的营销一直强调 snus 起源于瑞典 [9]，然而美国制造的 snus 同瑞典制造的 snus 在水分含量、包装袋尺寸以及烟碱和其他成分含量上都有区别 [40-42]。此外，最新版的骆驼 snus 中的烟草特有亚硝胺（TSNA）表明用于制造该产品的烟草类型或烟草处理方法（或两者）均不同于瑞典 snus。因此，那些倡导在其他国家复制"瑞典经验"的研究者们应当谨慎。对这些产品特性应该具体国家具体分析。

对烟草制品命名规则的管制将要求烟草制造者对使用现有烟草制品名称命名新开发产品进行充分论证。如果品牌延伸导致具有相同名称的多种烟草制品的长期使用，个人和公众健康可能受到损害。

无烟烟草制品的致癌潜力在世界范围随产品的性质而变化。在当地市场销售的产品具有高毒性的国家推广新型无烟烟草制品作为减害策略，可能会尤其有害[43-45]。

烟草控制措施，如税收，无烟场所和清洁空气法律可能会刺激新型产品的开发和使用。应该对烟草控制措施对市场产品的影响进行研究，如其毒性或致瘾性。

使用传统卷烟向不燃烧烟草制品的转变表明对"二手烟"暴露的关注应进化到更广泛的概念"二手烟草"。还必须考虑心理和行为因素，如非吸烟者的社会接受度和新用户开始吸烟，以及生物化学方面，如儿童误食或误试以及在家里暴露于烟草成分。例如，与无烟烟草使用者生活在一起的非吸烟者，包括儿童，可能通过接触受到污染的家具表面从而暴露于高水平的烟碱和其他烟草成分[46]。

2.5　管制建议

所有新型和新兴烟草制品，应受 WHO FCTC 管制。管制框架可以扩展到不仅包括现有和新兴烟草产品，而且包括"门户"或吸烟替代产品，如非烟草 shisha、电子烟、草本卷烟和草本鼻烟。当基于 WHO FCTC 的管制不可行时，至少应监测新型产品以确定其效应。

对所有新型产品都应要求通报或在上市前获得授权。如果可能，管制机构应基于潜在公众健康效益的科学证据来确定哪些产品可被允许上市。同美国食品药品管理局开发标准一致，举证责任应归于生产商，而建立的管制机构应有权决定提供的信息是否充分。任何其他所需的科学数据应由生产商提供并由独立科学家审核。建立这样一个系统的财务负担应该由行业承担。美国食品药品管理局开发的管制策略可作为确定最佳做法的基础[10]。

每个国家都应监测新型烟草制品及其使用的流行率，以确定产品是否应优先管制或进行其他烟草控制措施。引入市场的新型产品市场应监测不可预料的人群效果，包括：

- 未意识到的毒性；
- 通过吸引新用户、使曾吸烟者复吸或维持可能本会戒烟的当前用户的使用，来增加或维持烟草使用的流行率；
- 与卷烟或另一种传统烟草制品的双重使用；
- 引发青少年或其他高危人群从新型产品开始使用烟草，并最终转为吸烟（"门户"效应）。

管制机构应该准备向专业人士（如全科医生）和一般公众明确交流信息的策略。

2.6　参　考　文　献

[1] Rainey CL, Conder PA, Goodpaster JV. Chemical characterization of dissolvable tobacco products promoted to reduce harm. J Agric Food

Chem 2011;59:2745–51.

[2] Romito LM, Saxton MK, Coan LL, Christen AG. Retail promotions and perceptions of R.J. Reynolds' novel dissolvable tobacco in a US test market. Harm Reduction J 2011;8:10.

[3] Southwell BG, Kim AE, Tessman GK, MacMonegle AJ, Choiniere CJ, Evans SE et al. The marketing of dissolvable tobacco: social science and public policy research needs. Am J Health Promot 2012;26:331–2.

[4] Slade J, Connolly GN, Lymperis D. Eclipse: does it live up to its health claims? Tob Control 2002;11(Suppl 2):ii64–70.

[5] Hatsukami DK, Henningfeld JE, Kotlyar M. Harm reductionapproaches to reducing tobacco-related mortality. Annu Rev Public Health 2004;25:377–95.

[6] Kleinstreuer C, Feng Y. Lung deposition analyses of inhaled toxic aerosols in conventional and less harmful cigarette smoke: a review. Int J Environ Res Public Health 2013;10:4454–85.

[7] Deng Q, Huang C, Zhang J, Xie W, Xua H, Wei M. Selectively reduction of tobacco specifc nitrosamines in cigarette smoke by use of nanostructural titanates. Nanoscale 2013;5:5519–23.

[8] Dittrich DJ, Fieblekorn RT, Bevan MJ, Rushforth D, Murphy JJ, Ashley M, et al. Approaches for the design of reduced toxicant emission cigarettes. SpringerPlus 2014;3:374.

[9] Bahreinifar S, Sheon NM, Ling PM. Is snus the same as dip? Smokers' perceptions of new smokeless tobacco advertising. Tob Control 2013;22:84–90.

[10] Tobacco Product Scientifc Advisory Committee. Modifed risk

tobacco product applications. Draft guidance. Rockville, Maryland: US Food and Drug Administration; 2012.

[11] Zeller M, Hatsukami D, Strategic Dialogue on Tobacco Harm Reduction Group. The Strategic Dialogue on Tobacco Harm Reduction: a vision and blueprint for action in the US. Tob Control 2009;18:324–32.

[12] Tobacco Product Scientifc Advisory Committee. Summary: TPSAC report on dissolvable tobacco products (Rep. No. March 1, 2012). Rockville, Maryland: US Food and Drug Administration; 2012.

[13] Delnevo CD, Waskowski OA, Giovenco DP, Bover Manderski MT, Hrywna M, Ling PM. Examining market trends in the United States smokeless tobacco use: 2005–2011. Tob Control 2014;23(2):107–12.

[14] Blank MD, Eissenberg T. Evaluating oral noncombustible potential-reduced exposure products for smokers. Nicotine Tob Res 2010;12:336–43.

[15] Cobb CO, Weaver MF, Eissenberg T. Evaluating the acute effects of oral, non-combustible potential reduced exposure products marketed to smokers. Tob Control 2010;19:367–73.

[16] Hatsukami DK, Jensen J, Anderson A, Broadbent B, Allen S, Zhang Y, et al. Oral tobacco products: preference and effects among smokers. Drug Alcohol Depend 2011;118:230–6.

[17] Ramstrom LM, Foulds J. Role of snus in initiation and cessation of tobacco smoking in Sweden. Tob Control 2006;15:210–4.

[18] Lund KE, McNeill A, Scheffels J. The use of snus for quitting smoking compared with medicinal products. Nicotine Tob Res 2010;12:817–

22.

[19] Scheffels J, Lund KE, McNeill A. Contrasting snus and NRT as methods to quit smoking. an observational study. Harm Reduction J 2012;9:10.

[20] Pederson LL, Nelson DE. Literature review and summary of perceptions, attitudes, beliefs, and marketing of potentially reduced exposure products: communication implications. Nicotine Tob Res 2007;9:525–34.

[21] O'Connor RJ, Norton KJ, Bansal-Traves M, Mahoney MC, Cummings KM, Borland R. US smokers' reactions to a brief trial of oral nicotine products. Harm Reduction J 2011; 8:1.

[22] Biener L, McCausland K, Curry L, Cullen J. Prevalence of trial of snus products among adult smokers. Am J Public Health 2011;101(10):1870–6.

[23] McNeill A, Hammond D, Gartner C. Whither tobacco product regulation? Tob Control 2012;21:221–6.

[24] Hatsukami DK, Joseph AM, LeSage M, Jensen J, Murphy SE, Pentel P, et al. Developing the science base for reducing tobacco harm reduction. Nicotine Tob Res 2007;9(Suppl 4):S537–53.

[25] Hatsukami DK, Feuer RM, Ebbert JO, Stepanov I, Hecht SS. Changing smokeless tobacco products: new tobacco delivery systems. Am J Prev Med 2007;33:S368–78.

[26] Burns DM, Dybing E, Gray N, Hecht S, Anderson C, Sanner T, et al. Mandated lowering of toxicants in cigarette smoke: a description of the World Health Organization TobReg proposal. Tob Control

2008;17:132–41.

[27] Djordjevic MV, Stellman SD, Zang E. Doses of nicotine and lung carcinogens delivered to cigarette smokers. J Natl Cancer Inst 2000;92(2):106–11.

[28] Deng Q, Huang C, Xie W, Xu H, Wei M. Signifcant reduction of harmful compounds in tobacco smoke by the use of titanite nanosheets and nanotubes. Chem Commun (Camb) 2011;47:6153–5.

[29] Lee EM, Malson JL, Moolchan ET, Pickworth WB (2004) Quantitative comparisons between a nicotine delivery device (Eclipse) and conventional cigarette smoking. Nicotine Tob Res 2004;6:95–102.

[30] Cunningham FH, Fiebelkorn S, Johnson M, Meredith C. A novel application of the margin of exposure approach: segregation of tobacco smoke toxicants. Food Chem Toxicol 49:2921–33.

[31] Hernandez LG, Bos PM, Talhout R. Tobacco smoke-related health effects induced by 1,3-butadiene and strategies for reduction. Toxicol Sci 2013;136:566–80.

[32] Liu C, DeGrandpre Y, Porter A, Griffths A, McAdam K, Voisine R et al. The use of a novel tobacco treatment process to reduce toxicant yields in cigarette smoke. Food Chem Toxicol 2011;49:1904–17.

[33] Hatsukami DK, Giovino GA, Eissenberg T, Clark P, Lawrence D, Leischow S. Methods to assess potential reduced exposure products. Nicotine Tob Res 2005;7(6):827–44.

[34] O' Connor RJ. Postmarketing surveillance for "modifed-risk" tobacco products. Nicotine Tob Res 2012;14:29–42.

[35] Wackowski OA, Lewis MJ, Delnevo CD. Qualitative analysis of Camel Snus' website message board—users' product perceptions, insights and online interactions. Tob Control 2011;20:e1.

[36] Hamilton WL, DiStefano NJ, Ouellette TK, Rhodes WM, Kling R, Connolly GN. Smokers' responses to advertisements for regular and light cigarettes and potential reduced-exposure tobacco products. Nicotine Tob Res 2004;6:S353–62.

[37] Biener L, Bogen K, Connolly G. Impact of corrective health information on consumers' perceptions of "reduced exposure" tobacco products. Tob Control 2007;16:306–11.

[38] Biener L, Nyman AL, Stepanov I, Hatsukami D. Public education about the relative harm of tobacco products: an intervention for tobacco control professionals. Tob Control 2013;22(6):412–7.

[39] Popova L, Neilands TB, Ling PM. Testing messages to reduce smokers' openness to using novel tobacco products. Tob Control 2014;23(4):313–21.

[40] Foulds J, Furberg H. Is low-nicotine Marlboro snus really snus? Harm Reduction J 2008;5:9.

[41] Stepanov I, Jensen J, Hatsukami D, Hecht SS. New and traditional smokeless tobacco: comparison of toxicant and carcinogen levels. Nicotine Tob Res 2008;10:1773–82.

[42] Stepanov I, Biener L, Knezevich A, Nyman AL, Bliss R, Jensen J et al. Monitoring tobacco-specifc N-nitrosamines and nicotine in novel Marlboro and Camel smokeless tobacco products: fndings from round I of the New Product Watch. Nicotine Tob Res 2012;14:274–81.

[43] Hatsukami DK, Lemmonds C, Tomar SL. Smokeless tobacco use: harm reduction or induction approach? Prev Med 2004;38:309–17.

[44] Bedi R, Scully C. Tobacco control—debate on harm reduction enters new phase as India implements public smoking ban. Lancet Oncol 2008;9:1122–3.

[45] Ayo-Yusuf OA, Burns DM. The complexity of "harm reduction" with smokeless tobacco as an approach to tobacco control in low-income and middle-income countries. Tob Control 2012;21:245–51.

[46] Whitehead TP, Metayer C, Park JS, Does M, Buffer PA, Rappaport SM. Levels of nicotine in dust from homes of smokeless tobacco users. Nicotine Tob Res 2013;15(12):2045–52.

3. 无烟烟草制品：研究需求和管制建议 ⑥

---

⑥　作为 TobReg 审议这个议题基础的背景文章是一份发表于 2014 年的题为"无烟烟草与公众健康：全球视角"的报告 [1]。

3.1 引　　言

无烟烟草制品对公众健康呈现出复杂的、广泛的挑战，到目前为止研究人员和政策对其关注有限。在世界上许多地区，例如印度，其是主要的烟草使用形式；2006 年全球青少年烟草调查的数据表明，132 个被调查国家年龄在 13~15 岁的学生相比卷烟（8.9%）更有可能使用非卷烟烟草制品，包括无烟烟草制品（11.2%）[2]。一些国家家庭调查数据表明，包括全球成人烟草调查，无烟烟草制品的使用在女性和处于较低社会经济阶层的人群中更普遍，使这些群体更易受到这些产品健康和经济后果的危害。然而，国际烟草控制主要集中在卷烟上，只有有限的注意力放在包括无烟烟草制品的其他产品类型上。

无烟烟草制品已经在全世界使用了几百年，今天，世界范围内超过 3 亿成年人在使用这些产品；近 2.7 亿使用者生活在 WHO 东南亚地区 [3]。无烟烟草的严重健康影响已被记录在案：使用者因各种原因 [4-7] 和特定疾病 [8-12] 死亡的风险很高。2004 年，国际癌症研究机构（IARC）的一个工作组发现，有足够的流行病学和实验证据表明，无烟烟草可导致人体口腔癌、食道癌和胰腺癌 [13,14]。无烟烟草制品中至少发现 28 种致癌物质，包括 TSNA，动物模型中 TSNA 会导致鼻、气管、肺、肝、胰腺和食道肿瘤 [15]。无烟烟草也造成了不良的口腔健康影响，包括口腔黏膜损伤、白斑和牙周疾病 [16,17]。使用无烟烟草会增加心血管疾病风险 [18,19] 并导致孕妇的不良生殖结果 [20,21]。由于无烟烟草制品含有烟碱，使用者表现出类似于吸烟者的依赖性，包括对重复使用的耐受性和停用时的戒断症状 [22]。虽然无烟烟草的使用，像吸烟一样，可以造成严重的损害，但它给科学和公众健康带来了有别于烟草抽吸的实质性挑战。例如，对健康的影响程度可能因国家而异，在包括印度的一些国家中风险最高，而在瑞典的健康风险较低 [23]，部分原因是由于不同国家使用的产品类型和毒性不同。

3.1.1　产品范围广

无烟烟草制品和相关行为的多样性使得了解其使用的影响变得很复杂。其范围包括嚼烟、鼻烟、gutka、含烟草的槟榔咀嚼物、snus、toombak、iqmik 和烟草含片。然而，关于这些产品特性、它们如何使用以及它们在不同人群中流行率的数据很有限。因此，将其概括为一个类别是不恰当的。此外，这些产品的生产、销售、使用和控制方式（如通过税收或营销限制）在不同国家和地区区别很大。

3.1.2 数据有限

虽然无烟烟草的生物效应是已知的，其使用的公众健康影响取决于多种因素，包括不同产品的流行率和使用模式，营销信息的影响以及预防和戒烟活动的有效性。虽然某些类别已被确认为使用的风险增加，但关于为何特定人群开始使用无烟烟草以及何种因素对于预防或促进启动最关键等问题的数据仍然有限。

3.1.3 新型产品及其营销

烟草生产商已推出新一代无烟烟草制品，由于增加了有吸引力的口味，如薄荷味或水果味，并采用了新的传输方法，如含片，可能会吸引更广泛的消费者。还开发了产品，通过用小包装袋包装无烟烟草，消除了吐出的需要，以吸引新用户、新的目标人群（如女性）或吸烟者。主要跨国卷烟公司如菲利普·莫里斯公司和雷诺公司在其知名品牌万宝路、骆驼中引入了 snus 产品，并且这些公司市场营销方面的专长现在也服务于无烟烟草制品。烟草控制专家警告说，这些产品营销的增加可能通过吸引年轻人、新用户或刺激当前吸烟者维持其对烟碱的依赖，从而对人群健康造成不良影响[24]。新型烟碱传输装置，如电子烟，其通过加热而不是燃烧来释放含烟碱的蒸汽，也在许多国家上市作为一种对传统卷烟的替代品。这些产品不在本报告中讨论，但它们也可能影响烟草使用的模式[25]。

一些烟草公司为应对普遍的无烟室内空气法律，向吸烟者广告无烟烟草制品可在无法吸烟场合作为临时替代，使用诸如"想在办公室享受烟草吗？当然啦"以及"想在 4 小时的飞行过程中享受烟草吗？当然啦"之类的口号 [26]。除了增加无烟烟草使用，这种营销策略可能会通过使得吸烟者在抽烟以外更容易维持其对烟碱的依赖从而阻碍戒烟的努力。这样一个例子说明了烟草控制在一个领域有所进展后，如通过室内无烟空气法律，烟草生产商如何进行适应，这次是通过引进新型产品和新的市场营销策略。

3.1.4 对年轻人及烟草使用发展的影响

开始使用无烟烟草的年轻人的增多给公共卫生带来了巨大挑战。美国在 20 世纪 70 年代引入更易被新用户接受的无烟烟草产品后，青少年和年轻人当中无烟烟草的使用大幅上升 [27]。这些特色产品有较低的烟碱含量和诱人的口味；证据表明从低烟碱"初吸型"产品开始的用户随后更容易"升级"为使用烟碱含量较高的产品 [28]。在印度，对一种新型无烟烟草制品 gutka 的市场营销，导致年轻人口腔黏膜下纤维化和口腔癌的发生率增加 [29,30]。此外，一些研究表明，无烟烟草使用与包括卷烟在内的其他烟草产品的强化使用相关。因此使用无烟烟草的青少年可能也更容易继续吸烟 [31,32]。2014 年美国外科医学报告 [33] 显示，尽管美国的卷烟消费量已显著下降，但自 2000 年以来无论是无烟烟草的消费还是销售都增多，年轻人（18~25 岁）中使用增加，总流行率为 5.5%，男性（10.5%）中远比女性（0.5%）更流行。

3.1.5　应对选择有限

无烟烟草使用的戒断策略喜忧参半。印度行为干预研究在农村人群 [34,35] 和教师 [36] 中是成功的。在如牙科诊所等环境中的行为干预临床试验表明无烟烟草使用者戒断率增加，尽管证据不足以推荐具体干预内容 [37,38]。药物治疗试验，包括烟碱贴片、烟碱口香糖和安非他酮，对长期（＞6个月）戒断率无影响 [39]；然而，药物治疗可能减少戒断相关症状，如渴求和体重增加 [40]。此外，相比只使用无烟烟草或只吸烟的人，两者都使用的人暴露于烟碱的风险更高，且更难戒断 [41-43]。很少国家有国家计划对无烟烟草使用者进行戒断干预。最近，印度的国家烟草控制项目规模扩大至对卷烟和无烟烟草使用者的戒断服务 [44]。

3.1.6　烟草"减害"

使用无烟烟草作为吸烟者减害手段的可行性分析，使得对使用无烟烟草危害的反应变得很复杂。无烟烟草的某些类型可作为卷烟替代品；由于无烟烟草不像卷烟抽吸那样同肺癌和呼吸道疾病风险存在关联，这可能会降低整体风险。虽然所有类型的无烟烟草都是有害的，且可导致癌症和其他疾病，一些类型，包括 snus，相比卷烟具有较低的 TSNA 和其他有害物质的浓度，整体风险可能较低。

要做出上述推理需要一系列的假设，因为在一些亚洲国家使用最广泛的无烟烟草类型的健康影响尚未得到充分记录，并且孟加拉国和印度使用的一些无烟烟草产品还没有测试。印度一些被称为"snus"的产品有剧毒[45]。⑦考虑到世界范围无烟烟草制品及使用方式的广泛多样性，不适合将这些产品作为一类来概括与其相关的危害水平，因为关于其有害成分或使用者暴露还所知尚少。吸烟者开始使用无烟烟草产品完全取代卷烟，或将成为双重产品用户，是否会增加他们的风险？此外，还必须考虑无烟烟草使用增加对人群整体的影响。例如，对这些产品推广的增多是否会使得开始使用烟草增多或对戒烟努力造成不利影响？虽然关于这一主题的证据越来越多，但能回答关键问题的明确研究还很缺乏，尚需要进行更多的研究。

3.2 2014 年 WHO 烟草制品调查结果

2013 年 WHO 关于无烟烟草、电子烟碱传输系统，低引燃倾向（RIP）卷烟和新型烟草制品的问卷被发往所有 WHO 成员国。⑧结果表明，无烟烟草制品可见于 70 个成员国，占世界人口的 73%。鼻烟在 52 个成员国被广泛使用（占世界人口的 65%），snus 在 21 个成员国（55%），嚼烟在 55 个成员国（51%），烟草口香糖在 17 个成员国（49%），可溶烟草在 7 个成员国（44%），外用烟草膏在 5 个成员国（40%），浸渍烟草在 10 个成员国（29%），奶油鼻烟在 6 个成员国（23%），水烟在 8 个成员国（20%），gutka 在 11 个成员国（10%），

---

⑦ 参见 http://en.schweden-snus.com/chaini-khaini. html 和 https://www.youtube.com/watch?v=HqOfA7txhwY.

⑧ 截至 2014 年 4 月 9 日，一共有 90 个国家对问卷做出了回应，其中 86 个是 WHO FCTC 缔约国，代表了世界人口的 77%。

orbs 在 3 个成员国（6%）以及 blackbull（iqmik）在 3 个成员国（5%）可见（可溶烟草制品未从问卷中的可溶烟草中区分出来）。调味的无烟烟草在 34 个成员国（61%）被广泛使用，最受欢迎的口味是薄荷。3 个成员国（1%）中的无烟烟草来源于本地生产商，8 个成员国（2%）是家庭作坊生产，30 个成员国（8%）是从其他国家进口，5 个成员国（26%）是本地生产商和家庭作坊生产，6 个成员国（24%）是本地生产商和进口，7 个成员国（1%）是家庭作坊生产和进口，6 个成员国（9%）是本地生产商、家庭作坊生产和进口。无烟烟草制品主要从印度、瑞典和美国进口。

无烟烟草制品在 46 个成员国（26%）受烟草法律规范，8 个成员国（19%）受烟草和食品安全法律规范，在 9 个成员国（23%）受其他法律规范；在其余成员国无烟烟草制品受何种法律规范尚属未知。58 个成员国（40%）全面禁止无烟烟草广告、促销和赞助，11 个（29%）部分禁止。

54 个成员国（66%）在某种程度上管制无烟烟草制品的生产、分发和销售。41 个成员国（60%）管制商业生产的无烟烟草制品，43 个成员国（59%）管制分发，51 个成员国（63%）管制销售；24 个成员国（31%）管制家庭作坊生产的无烟烟草制品，30 个成员国（33%）管制其分发，36 个成员国（41%）管制其销售。

9 个成员国（22%）管制市场上无烟烟草制品的配方和成分。26 个成员国（30%）要求政府出具的销售许可证；64 个成员国（72%）有政策限制向未成年人销售无烟烟草，具体来说这些产品的最低可购买年龄为 16~21 岁不等。

对这些产品征收的税如下：24 个成员国（13%）不征收消费税，8 个成员国（21%）征收统一计价消费税，11 个成员国（8%）征收统一特定消费税，4 个成员国（2%）混合征收统一计价消费税和统一特定消费税，3 个成员国（1%）征收最低的统一计价消费税，1 个成员国（1%）分层征税，34 个成员国（53%）征收增值税，31 个成员国（53%）征收进口关税。

3.3　当前的地区与国家管制

3.3.1　WHO 非洲地区

过去的十年左右无烟烟草制品被引入许多东部和南部的撒哈拉以南非洲国家，却被主要卫生和税收部门忽视了。该地区许多国家现在采用全面的烟草控制政策和法规，覆盖所有的烟草制品，包括无烟烟草制品。2006 年这些产品的销售在坦桑尼亚联合共和国被正式禁止，虽然还需要更严格的监督和执行。塞舌尔法律强制规定健康警告图案应覆盖无烟烟草包装的主要区域的 50% 或以上。

3.3.2　WHO 美洲地区

巴西规定如果无烟烟草制品在国家卫生监督管理局（ANVISA）进行登记则可以出售；然而由于还没有产品进行登记，当前此类产品在巴西的销售是违法的。在加拿大，无烟烟草制品普遍受广泛的烟草制品管制规范，包括禁止向未成年人出售、对促销的限制以及对生产商报告的要求。无烟烟草制品标识规范已存在，但只适用于嚼烟、鼻烟和口服 snuff。在美国,已经颁布的法律包括产品登记规定、所有产品的警示标识以及强制最低可售年龄。此外，根据美国法律，美国食品药品管理局有权建立无烟烟草制品的烟碱、有害物质和添加剂含量限量，但尚未发布任何具体的产品性能标准规定。该地区的许多国家，包括智利、哥斯达黎加、厄瓜多尔、萨尔瓦多、洪都拉斯、尼加拉瓜、巴拿马、秘鲁和乌拉圭，法律强制规定健康警告图案应覆盖无烟烟草包装的主要区域的 50% 或以上。

3.3.3　WHO 地中海东部地区

伊朗伊斯兰共和国已经禁止进口无烟烟草制品，巴林出台政策禁止这些产品的销售和进口，本地区几乎没有相关监管控制。高额罚款被用来加强现有法律。许多该地区的国家，如埃及、伊朗伊斯兰共和国、科威特、摩洛哥、阿曼、卡塔尔和阿拉伯联合酋长国，法律强制规定健康警告图案应覆盖烟草产品包装的主要区域的 50% 或以上。

3.3.4　WHO 欧洲地区

欧盟提供对烟草管制实践的领导，包括通过最近修订的烟草制品指令，管理烟草和相关产品的制造、展示和销售。欧盟 28 个成员国通过禁止口用烟草的销售来管制无烟烟草制品，其中包括除了用于抽吸或口嚼以外的所有由烟草制成的口用产品。然而，瑞典免除本规范。在许多非欧盟欧洲国家，无烟烟草按照抽吸烟草产品的广告和健康警告规定来进行监管。土耳其法律强制规定健康警告图案应覆盖烟草产品包装的主要区域的 50% 或以上。

3.3.5 WHO 东南亚地区

该地区许多缔约方已经采取措施来规范无烟烟草 [3]。不丹 2004 年引进政策禁止烟草制品的制造和销售，包括无烟烟草制品，2010 年全面立法落实 2004 年的政策。泰国也有规定禁止这些产品的进口和销售。孟加拉国、印度和尼泊尔立法分别要求健康警告图案覆盖抽吸和无烟烟草产品包装展示区域的 50%、85% 和 90%。孟加拉国、不丹、印度、马尔代夫、缅甸、尼泊尔、斯里兰卡和泰国已禁止无烟烟草制品的广告。印度援引 2011 年的食品安全法禁止含烟草的 gutka 和 pan masala，这是该国使用的无烟烟草的最常见形式。印度的一些州，包括马哈拉施特拉邦，禁止生产、销售有香味的无烟烟草制品。印度还加强了健康警告图案，用大众媒体密集宣传，告知人们无烟烟草的危害，并将无烟烟草戒断纳入烟草依赖治疗指南和国家烟草控制计划。为控制非法贸易，印度出台了无烟烟草推定税，根据生产能力征收；从无烟烟草制品征收的税款在过去 5 年增加了 4 倍多。缅甸禁止所有类型烟草产品的进口，包括无烟烟草，但来自邻国的非法贸易仍很成问题。尼泊尔已经禁止在公共场合使用无烟烟草制品，缅甸禁止在某些城市地区销售这些产品，并禁止其在政府工作场所的使用。印度、缅甸、尼泊尔政策禁止无烟烟草制品在教育设施 100 米范围内的销售。但是，许多国家的执行仍然薄弱，并且该地区缺乏足够的实验室能力来检测无烟烟草的成分。每当卷烟税增加，无烟烟草税率低于抽吸产品，用户就开始改用无烟烟草制品。

3.3.6 WHO 西太平洋地区

2010 年，由于对槟榔和嚼烟的日益关注，WHO 西太平洋地区办公室支持该地区 WHO FCTC 缔约方准备一项区域行动计划，其中具体指标和行动是为了减少槟榔和烟草的使用。2012 年发表的技术报告 [46] 咨询了槟榔和嚼烟使用特别常见的国家和地区（柬埔寨、关岛、基里巴斯、马绍尔群岛、密克罗尼西亚联邦、马里亚纳群岛、帕劳群岛、所罗门群岛和瓦努阿图）。报告发现，美拉尼西亚部分地区，主要是巴布亚新几内亚、所罗门群岛、瓦努阿图北部省份，以及密克罗尼西亚联邦特别是在北马里亚纳群岛、马绍尔群岛和帕劳还有关岛槟榔的使用很广。建议应向决策者共享这种无烟烟草造成伤害的证据，应设计基于社区的策略来改变无烟烟草使用行为。一些缔约方，如新加坡，已经禁止无烟烟草制品如嚼烟、新型烟草衍生产品如可溶烟草和含烟碱产品。新加坡有实验室测量无烟烟草产品如嚼烟、槟榔、khaini 中的烟碱含量。蒙古和越南要求健康警告图案应覆盖烟草产品包装的主要区域的 50% 或以上。

3.4 结   论

无烟烟草是一个全球性的问题；至少 70 个低、中、高收入国家超过 3 亿人使用这类产品。流行率最高的是东南亚，有 89% 的使用者，这里也有最高相关疾病负担和最多样性的产品使用类型和形式。在孟加拉国，使用这些产品的女性比男性更多。在印度，使用无烟烟草的男性和女性超过吸烟者。

与使用无烟烟草相关的疾病风险随国家和地区而不同，部分原因是由于不同的产品和使用模式。实验室分析显示不同地区产品中已知致癌物质和烟碱水平变化很大，流行病学研究得出的癌症和心血管疾病风险评估也随国家而不同。然而，缺乏数据来量化疾病风险中的这些差异以及准确地识别驱动因素。

在许多国家和地区，无烟烟草的使用和销售都是公共卫生挑战。在一些高收入国家，如瑞典，低亚硝胺含量无烟烟草的流行率较高，吸烟率降低且具有强大的烟草控制管制框架，然而大多数使用无烟烟草的国家是低或中等收入国家，如孟加拉国、印度和东南亚地区的其他国家。在这些国家，无烟烟草制品经常含有很高水平的有害成分，卷烟销售在增加，并且大而无组织的业务部门使得很难进行产品的控制和监管。产品营销的变化、使用模式以及烟草控制计划和干预在这些不同环境可能会有大不相同的影响。

烟草行业营销策略的改变可能影响未来无烟烟草使用的公共卫生影响。一些公共场所吸烟限制增加且吸烟流行率有所减少的高收入国家，烟草公司已开始向吸烟者营销口含烟。这一趋势对吸烟行为和使用一种或同时使用多种烟草制品的影响仍然不确定。跨国烟草公司越来越多地在低收入和中等收入国家推出、引入抽吸和无烟烟草制品。

在许多地区，甚至那些无烟烟草使用非常流行的地区，相比抽吸烟草制品，用于预防和戒断无烟烟草使用的政策和计划通常较弱：价格更低，警告标记更无力，行之有效的干预措施更少，并且投入预防和控制的资源更少。

监测无烟烟草使用和健康影响的挑战包括产品及其使用类型的多样性，产品及其用途信息的缺乏，一些地区非正式的无序的市场，以及对定制教育和干预方案的关注有限。

　　无烟烟草制品的研究中仍存在许多空白，包括监测数据、产品表征、使用产品的健康影响（包括胎儿暴露与妊娠结果）、无烟烟草制品及其使用相关的经济政策、有效的区域特异性教育以及预防和治疗干预。一些国家已经提出或实施各项政策，但通常缺乏关于影响或有效性的数据。需要更多基于证据的政策来控制无烟烟草的使用，其中可包括：要求烟草公司披露无烟烟草制品的成分；建立有害物质和最大 pH 的产品性能标准；禁止调味；需要有效的相关健康警告标识；增加这些产品的税收；禁止或限制无烟烟草赞助和营销；以及提高关于这些产品毒性及健康影响的公众意识。总之，预防与戒断无烟烟草使用应成为任何全面烟草控制努力不可分割的一部分。

　　许多国家无烟烟草研究和公共卫生行动的能力很有限，特别是那些公共卫生负担最大的国家。研究与信息共享的国际基础设施可提高许多国家减少无烟烟草使用后果的能力。

3.5　研究需求

3.5.1　监督与监测

　　应该进行全面监督以评估无烟烟草使用的程度以及使用模式的变化，来评价即使是在那些无烟烟草被禁用或流行率很低的国家也可以采取的减少无烟烟草使用的政策、干预和其他步骤的有效性。对使用趋势的监督和监测应包括使用产品的人群和亚人群信息、使用的产品类型、使用模式和使用强度，与其他烟草产品的混合使用情况，以及对产品的态度、信任和认知。监督应包括对使用变化以及对包括卷烟在内的其他烟草制品使用的戒断的检测。

3.5.2 产品表征

鉴于世界各地产品和制造模式的多样性，应综合表征不同产品的特性及其成分和制造方法。在可能的情况下，用以确定主动或二手（如胎儿）无烟烟草暴露后烟碱和其他有害物质实际人体吸收（吸收和排泄）的生物标志物研究将很有价值。对经常和烟草一起使用的非烟草制品，如槟榔，也应进行研究。应对产品进行定期测试，以评估国家和地区差异，以及产品随时间的变化。

3.5.3 健康效应

产品以及使用实践和使用方式的多样性也妨碍对其健康影响的广泛概括。大多数的健康影响研究是在印度、北欧国家和美国进行的。因为无烟烟草制品中烟碱和其他有害物质的含量差异，一个国家的结果不能应用到另一个国家；即使在一个国家内，产品也可能有很大的不同。虽然要确定与使用无烟烟草相关疾病的全球负担，对具体国家的健康影响评估必不可少，但目前尚无数据可对不同产品相关的疾病的相对风险进行估计。

3.5.4 经济与市场营销

关于无烟烟草制品价格、税收结构、销售以及营销策略的数据有限，目前还没有关于治疗这些产品使用引起的疾病的医疗卫生成本的信息。这类信息对不同国家设计政策和计划很有必要。鉴于无烟烟草使用在一些中低收入国家以及贫困地区和农村人口中流行率很高，价格信息对设计有效的公共卫生干预措施尤为重要。应定期收集价格、税收、支付能力和贸易信息。

3.5.5 干预措施

应开发并测试用于预防和戒断无烟烟草使用的人群和个体干预措施，特别是考虑文化差异对特定用户群体量身定制干预措施。当前大多数证据是以高收入国家干预措施的有效性为基础的；因此，有必要设计用于低收入和中等收入国家以及不同医疗卫生环境的干预措施。

3.6 管 制 建 议

3.6.1 干预措施与政策

应用于卷烟和抽吸烟草制品的烟草控制政策、方案和措施也应该同样严谨地在无烟烟草制品中被应用、执行和监测，特别是在流行率高的地区。无烟烟草使用的预防和戒断应该是全面烟草控制计划不可分割的组成部分。然而，这些产品呈现不同的挑战，而具体政策也许取决于产品、使用模式、营销和烟草控制环境。应特别对待下面列出的无烟烟草制品管制层面。

更多关注无烟烟草

鉴于问题、营销、使用模式的趋势以及有效治疗的缺乏的程度和复杂性，无烟烟草带来的公共卫生挑战要远大于其受到的关注和举措。大多数控制卷烟的政策的科学依据也适用于控制无烟烟草使用。

制定国家和产品特异性的干预措施

没有干预策略能适用于所有国家：必须根据社会环境、所有烟草制品的流行率和消费趋势来制定方法。此外，由于产品以及其制作方式的异质性，政策干预措施应该针对每一个具体的产品类型，不管是生产的还是定制的。

将 WHO FCTC 要求应用于无烟烟草制品

应用于卷烟和其他抽吸烟草形式的烟草控制政策干预措施也应适用于无烟烟草制品。这些干预措施包括：

- 覆盖产品包装主要部分的健康警告，包括文字和图形描述，位于主印刷面并轮换（第 11 条）（尽管许多国家要求无烟烟草包装上要有健康警告，但多数标记只有文字警告，缺乏一直用于卷烟标记的图形图像）；

- 限制或禁止烟草广告、促销和赞助（第 13 条）；

- 限制向未成年人销售（第 16 条）；

- 由于传统市场的挑战，制定具有有效依从性的税收和价格政策，来阻止无烟烟草的使用和降低需求，包括考虑对烟叶征税或推定税（对每台制造机器混合征税）（第 6 条）；

- 强制生产商披露无烟烟草制品的成分，包括产品的所有组成以及有害和潜在有害的成分（第 10 条）；

- 对无烟烟草危害的公共教育（第 12 条），用信息、教育和交流来提高对有害健康影响的认识并消除谬见（教育要针对卫生专业人员、决策者、社区领袖和公众，特别要注意年轻人和育龄女性，特别是在烟草制品由家庭作坊制作或在家里或销售点定制的地区）；

- 无烟烟草制品的追溯机制以及对非法贸易的预防（第 15 条）；
- 基于证据的无烟烟草戒断的干预措施的推广与规定（第 14 条）。

减少与无烟烟草制品相关的危险

- 减少毒性：无烟烟草制品中已知有害物质的水平有很大不同，存储和处理对有害物质水平的影响也存在很大不同 [25]。能够用于防止预先制作和定制产品产生更大毒性的要求包括：减少使用黄花烟草（*Nicotiana rustica*）；限制细菌污染，细菌污染可促进烟硝胺和致癌物质的形成；烟草应火管烤制或晒制而不是明火烤制或晾制；通过巴氏杀菌法杀死细菌；改进存储条件，如在销售前将产品冷藏；标识生产日期；消除如槟榔和零陵香豆等组成成分，它们是已知的致癌物质 [14]。

- 强制实行产品标准（第 9 条）：TobReg 提出 [25]，行业生产的无烟烟草制品应强制实行有害物质上限，N'- 亚硝基降烟碱（NNN）与 4-(N- 甲基亚硝胺基)-1-(3- 吡啶)-1- 丁酮（NNK）的上限为 2 μg/g 干重烟草，苯并 [*a*] 芘的上限为 5 ng/g。管制当局还应要求监测烟草中砷、镉和铅的水平 [47]。实施这些标准并不意味着某个产品是较安全的，不应允许烟草公司如此宣传以促销产品。

- 降低吸引力和致瘾性：各种香料和其他添加剂被用于提高烟草制品的吸引力并促进吸收 [48,49]。降低烟草制品吸引力和成瘾应包括禁止或调节甜味剂和香料（包括本草、香料和花）以及对游离态烟碱和 pH 设置限值。

- 对跨国产品采用统一标准：出口的无烟烟草制品应采用和制造国相同（或更高）的标准。

基于现有证据基础，不应允许任何降低暴露或危害的健康声明或主张。用于支持健康声明的科学依据必须经独立的、科学的政府管制机构审核（第 10 条）。

3.6.2 建立管制框架的挑战与建议

进行监测和研究并实施新的政策和干预措施以应对无烟烟草使用将需要低收入和中等收入国家更大的科学和公共卫生能力，特别是那些无烟烟草使用水平高的国家。但是，主要挑战阻碍了有效政策和方案的实施。

证据基础和信息的空白

只有有限的数据可用于定量无烟烟草使用相关的风险，包括国家和地区的健康、经济、环境和社会负担。此外，几乎没有任何关于无烟烟草控制进展或挑战的信息。

建议：美国疾病控制与预防中心的全球烟草监控系统以及 WHO STEP 调查可以扩展以覆盖无烟烟草。还需要较小的、有针对性的调查以理解特定亚组的模式。

实验室检测

广泛使用无烟烟草的大多数国家都缺乏技术和财政能力来评估无烟烟草制品中的成分和有害物质水平。应进一步完善方法、产品性能标准和测试方案，以促进跨国比较并最终监控的各国产品。

建议：应规范测试方法，如果理想的话，通过 WHO 烟草实验室网络（TobLabNet）进行区域协调。[9] 应验证检测无烟烟草制品中烟碱、TSNA 和苯并 [a] 芘的方法。应通过伙伴关系，如 WHO 合作中心，来提高低收入和中等收入国家的实验室能力。

3.6.3 能力建设

国家间的交流与合作越来越重要。由于烟草使用的变化，创新政策和干预措施正被引入不同国家，而烟草行业也在采用新的营销策略。这一庞大的"天然实验"提供了独一无二的研究和评估机会，这将需要协调监测、信息共享与研究。出于这种考虑，做出如下建议以加强协作和基础设施（其中一些在 WHO FCTC 第 20 条中有描述）。

创建区域知识中心或信息资源库

创建可以使全世界的人通过网络轻松访问的关于烟草制品特别是无烟烟草制品信息的区域知识中心或信息资源库。信息资源库可以提供关于无烟烟草管制、产品特性、使用模式、政策和干预措施以及研究和评估结果的全球"最佳实践"和国家经验。

建立网络、通信和协作基础设施

可以建立一个门户网站作为全球、区域和国家最佳实践的信息索引和资源库，包括无烟烟草管制、产品特性、成分和组成、制造和促销手段、价格、包装和营销等方面。该入口可同时汇集上面提

---

⑨　WHO 烟草实验室网络（TobLabNet）是一个政府的、学术的和独立的实验室组成的全球网络，目的是根据 WHO FCTC 第 9 条加强国家和地区检测和研究烟草制品成分和释放物的能力（http://www.who.int/tobacco/industry/product_regulation/toblabnet/en/）。

到的区域中心或资源库，并提供一个论坛用于讨论无烟烟草制品管制、运营和政策研究、临床研究设计和结果以及政策等方面的成就与挑战。

鼓励科学家、烟草管控倡导者和政策制定者之间的合作

这样的合作对将研究转化为政策并确保政策需求反馈给研究来说至关重要。国家和地区之间的合作对比较不同的产品、环境与干预来说特别重要。具有较成熟烟草控制计划的国家可以为新计划和新政策的国家提供专业知识和帮助。

研究能力建设

研究能力的建设应该通过更好地利用现有的资源，如TobLabNet、全球成人调查和全球青少年烟草调查。研究能力也可以通过吸引和培训新的研究人员，特别是中低收入国家，并鼓励新的和有经验的研究人员之间的合作来增强。

增强无烟烟草制品管制的机会

基于证据的无烟烟草法规和政策的时机可通过技术援助的国际协调、培训和能力建设得以增强；监督和执行现有规章制度；开发和传播的测试规范和产品性能标准；修订现有的烟草控制计划以更好地处理无烟烟草。

3.7 参 考 文 献

[1] National Cancer Institute and Centers for Disease Control and Prevention. Smokeless tobacco and public health: a global perspective. Bethesda, Maryland: Department of Health and Human Services,

Centers for Disease Control and Prevention and National Institutes of Health, National Cancer Institute (NIH Publication No. 14-7983); 2014 (http://nccd.cdc.gov/GTSSData/Ancillary/Publications. aspx).

[2] Centers for Disease Control and Prevention. Use of cigarettes and other tobacco products among students aged 13–15 years—worldwide, 1999–2005. Morb Mortal Wkly Rep 2006;55:553–6.

[3] WHO Regional Offce for South-East Asia. Expert group meeting on smokeless tobacco control and cessation, New Delhi, India, 16–17 August 2011. New Delhi.

[4] Gupta PC, Bhonsle RB, Mehta FS, Pindborg JJ. Mortality experience in relation to tobacco chewing and smoking habits from a 10-year follow-up study in Ernakulam District, Kerala. Int J Epidemiol 1984;13:184–7.

[5] Gupta PC, Mehta FS, Pindborg JJ. Mortality among reverse chutta smokers in south India. Br Med J 1984;289:865–6.

[6] Gupta PC, Mehta HC. Cohort study of all-cause mortality among tobacco users in Mumbai, India. Bull World Health Organ 2000;78:877–83.

[7] Gupta PC, Pednekar MS, Parkin DM, Sankaranarayanan R. Tobacco associated deaths in Mumbai (Bombay) India. Results of the Bombay Cohort Study. Int J Epidemiol 2005;34:1395–402.

[8] Rahman MA, Zaman MM. Smoking and smokeless tobacco consumption: possible risk factors for coronary heart disease among young patients attending tertiary care cardiac hospital in Bangladesh.

Public Health 2008;122:1331–8.

[9] Lee PN, Hamling J. Systematic review of the relation between smokeless tobacco and cancer in Europe and North America. BMC Med 2009;29:36.

[10] Lee CH, Lee KW, Fang FM, Wu DC, Shieh TY, Huang HL, et al. The use of tobacco-free betel-quid in conjunction with alcohol/tobacco impacts early-onset age and carcinoma distribution for upper aerodigestive tract cancer. J Oral Pathol Med 2011;40:684–92.

[11] Mateen FJ, Carone M, Alam N, Streatfeld PK, Black RE. A population-based case–control study of 1250 stroke deaths in rural Bangladesh. Eur J Neurol 2012;19:999–1006.

[12] Rahman MA, Spurrier N, Mahmood MA, Rahman M, Choudhury SR, Leeder S et al. Is there any association between use of smokeless tobacco products and coronary heart disease in Bangladesh? PLoS One 2012;7:e30584.

[13] Cogliano V, Straif K, Baan R, Grosse Y, Secretan B, El Ghissassi F. Smokeless tobacco and tobacco-related nitrosamines. Lancet Oncol 2004;5:708.

[14] IARC monographs on the evaluation of carcinogenic risks to humans. Vol. 85.Betel quid and areca nut chewing. Lyon: International Agency for Research on Cancer; 2004 (http://monographs.iarc.fr/ENG/Monographs/vol85/mono85-6.pdf, accessed 1 August 2012).

[15] Smokeless tobacco or health: an international perspective (Smoking and Tobacco Control Monograph No. 2). Bethesda, Maryland: National Cancer Institute, Department of Health and

Human Services; 1992 (Publication No. 92-3461) (http://www.cancercontrol.cancer.gov/tcrb/monographs/2/index.html).

[16] Shulman JD, Beach MM, Rivera-Hidalgo F. The prevalence of oral mucosal lesions in US adults: data from the Third National Health and Nutrition Examination Survey, 1988–1994. J Am Dent Assoc 2004;135:1279–86.

[17] Fisher MA, Bouquot JE, Shelton BJ. Assessment of risk factors for oral leukoplakia in West Virginia. Community Dent Oral Epidemiol 2005;33:45–52.

[18] Boffetta P, Straif K. Use of smokeless tobacco and risk of myocardial infarction and stroke: systematic review with meta-analysis. BMJ 2009;339:b3060.

[19] Gupta R, Gupta N, Khedar RS. Smokeless tobacco and cardiovascular disease in low and middle income countries. Indian Heart J 2013;65;369–77.

[20] England LJ, Kim SY, Tomar SL, Ray CS, Gupta PC, Eissenberg T, et al. Non-cigarette tobacco use among women and adverse pregnancy outcomes. Acta Obstet Gynaecol Scand 2010;89:454–64.

[21] Willis D, Popovech M, Gany F, Zelikoff J. Toxicology of smokeless tobacco: implications for immune, reproductive, and cardiovascular systems. J Toxicol Environ Health Crit Rev 2012;15:317–31.

[22] Henningfeld JE, Fant RV, Tomar SL. Smokeless tobacco: an addicting drug. Adv Dent Res 1997;11:330–5.

[23] Boffetta P, Hecht S, Gray N, Gupta P, Straif K. Smokeless tobacco and

cancer. Lancet Oncol 2008;9:667–75.

[24] Henningfeld JE, Rose CA, Giovino GA. Brave new world of tobacco disease prevention: promoting dual product use? Am J Prev Med 2002;23:226–8.

[25] WHO Study Group on Tobacco Product Regulation. Report on the scientifc basis of tobacco product regulation: third report of a WHO study group (WHO Technical Report Series, No. 955). Geneva: World Health Organization; 2009 (http://www.who.int/ tobacco/global_interaction/tobreg/publications/tsr_955/en/index. html).

[26] O'Hegarty M, Richter P, Pederson LL. What do adult smokers think about ads and promotional materials for PREPs? Am J Health Behav 2007;31:526–34.

[27] Connolly GN. The marketing of nicotine addiction by one oral snuff manufacturer. Tob Control 1995;4:73–9.

[28] Tomar SL, Giovino GA, Eriksen MP. Smokeless tobacco brand preference and brand switching among US adolescents and young adults. Tob Control 1995;4:67–72.

[29] Gupta PC, Sinor PN, Bhonsle RB, Pawar VS, Mehta HC. Oral submucous fibrosis in India: a new epidemic? Natl Med J India 1998;11:113–6.

[30] Gupta PC. Mouth cancer in India—a new epidemic? J Indian Med Assoc 1999;97:370–3.

[31] Tomar S. Is use of smokeless tobacco a risk factor for cigarette smoking? The US experience. Nicotine Tob Res 2003;5:561–9.

[32] Hatsukami DK, Lemmonds C, Tomar SL. Smokeless tobacco use: harm reduction or induction approach? Prev Med 2004;38:309–17.

[33] The health consequences of smoking—50 years of progress. A report of the Surgeon General. Rockville, Maryland: Department of Health and Human Services; 2014.

[34] Gupta PC, Mehta FS, Pindborg JJ, Bhonsle RB, Murti PR, Daftary DK, et al. Primary prevention trial of oral cancer in India: a 10-year follow-up study. J Oral Pathol Med 1992;21:433–9.

[35] Anantha N, Nandakumar A, Vishwanath N, Venkatesh T, Pallad YG, Manjunath P, et al. Efficacy of an anti-tobacco community education program in India. Cancer Causes Control 1995;6:119–29.

[36] Sorensen G, Pednekar MS, Sinha DN, Stoddard AM, Nagler E, Aghi MB, et al. Effects of a tobacco control intervention for teachers in India: results of the Bihar School Teachers Study. Am J Public Health 2013;103:2035–40.

[37] Severson HH. What have we learned from 20 years of research on smokeless tobacco cessation? Am J Med Sci 2003;326:206–11.

[38] Carr AB, Ebbert JO. Interventions for tobacco cessation in the dental setting. Cochrane Database Syst Rev 2006:CD005084.

[39] Ebbert JO, Rowland LC, Montori V, Vickers KS, Erwin PC, Dale LC, et al. Interventions for smokeless tobacco use cessation. Cochrane Database Syst Rev 2004:CD004306.

[40] Dale LC, Ebbert JO, Glover ED, Croghan IT, Schroeder DR, Severson HH, et al. Bupropion SR for the treatment of smokeless tobacco use. Drug Alcohol Depend 2007;90:56–63.

[41] Hatsukami DK, Severson HH. Oral spit tobacco: addiction, prevention and treatment. Nicotine Tob Res 1999;1:21–44.

[42] Spangler JG, Michielutte R, Bell RA, Knick S, Dignan MB, Summerson JH. Dual tobacco use among Native American adults in southeastern North Carolina. Prev Med 2001;32:521–8.

[43] Wetter DW, McClure JB, de Moor C, Cofta-Gunn L, Cummings S, Cinciripini PM, et al. Concomitant use of cigarettes and smokeless tobacco: prevalence, correlates, and predictors of tobacco cessation. Prev Med 2002;34:638–48.

[44] Varghese C, Kaur J, Desai NG, Murthy P, Malhotra S, Subbakrishna DK, et al. Initiating tobacco cessation services in India: challenges and opportunities. WHO South-East Asia J Public Health 2012;1:159–68.

[45] Mukherjea A. Tobacco industry co-optation of culture? Converging culturally specifc and mainstream tobacco products in India. Tob Control 2012;21:63–4.

[46] Review of areca (betel) nut and tobacco use in the Pacific. A technical report. Manila: WHO Regional Offce for the Western Pacific; 2012 (http://www.wpro.who.int/tobacco/documents/201203_Betelnut/en/).

[47] WHO Study Group on Tobacco Product Regulation. Report on the scientific basis of tobacco product regulation. Fourth report of a WHO study group (WHO Technical Report Series, No. 967). Geneva: World Health Organization; 2012 (http://www.who.int/tobacco/global_interaction/tobreg/publications/tsr_967/en/index.html).

[48] Henningfield JE, Hatsukami DK, Zeller M, Peters E. Conference on abuse liability and appeal of tobacco products: conclusions and recommendations. Drug Alcohol Depend 2011;116(1–3):1–7.

[49] Menthol cigarettes and the public health: review of the scientifc evidence and recommendations. Washington DC: Tobacco Products Scientific Advisory Committee, Food and Drug Administration; 2011 (http://www.fda.gov/downloads/AdvisoryCommittees/CommitteesMeetingMaterials/TobaccoProductsScientifcAdvisoryCommittee/UCM269697.pdf).

4. 低引燃倾向卷烟：研究需求和监管建议

4.1 引　　言

这部分针对新出现的问题并更新了 2008 年发表的 TobReg 关于低引燃倾向（RIP）卷烟的工作。文件为 2014 年 10 月召开的 WHO FCTC 缔约方第六次会议准备。

基于美国国家标准与技术研究所的实验室研究制定了法规，且形成了科学家、消费者团体、公共卫生和消防安全官员的联盟。一些国家试图立法并引入 RIP 产品报告系统，测试费用由生产商支付。尽管与早期声明相反，市场通过提供低引燃纸张以及充足且经认证的实验室测试设施进行了反应。制造成本已经最小。不同国家中的依从性已经得以监测，结果也可获得。加拿大的数据表明大型生产商的实质和持续的依从，较小生产商的依从也不断增加。风险评估表明几乎没有证据表明抽吸 RIP 卷烟增加人们火灾风险相关的行为，且关于吸烟者对有害物质暴露风险增加的证据有限。对火灾发生率和人员伤亡的影响的评估受限于火灾报告系统的质量、RIP 标准生效时间较短、火灾减少且可燃性（如床垫和软垫家具）降低的长期趋势。尽管如此，最严格的评估表明 RIP 管制带来吸烟相关火灾约 30% 的减少。2010 年，ISO 采用基于美国国家标准与技术研究所和美国材料与测试协会标准的全球标准 [1]。来自实验研究和新兴的人群研究的科学证据表明，当前标准对于减少火灾和火灾死亡行之有效。然而对 RIP 卷烟立法应当允许随科学基础增长而提高标准的弹性，特别是关于人群有效性。国家应采用 ISO 2010 标准，生产商应主动采取 RIP 卷烟设计作为良好制造过程的一部分。

4.2　背　　景

关于烟草制品管制科学基础的 TobReg 报告[2] 包括一个"防火型"卷烟的咨询说明。报告认为，卷烟燃烧引起的火灾死亡是一个全球性的重大问题，RIP 卷烟应该是强制性的。包括美国材料与测试协会 E2187[3]，以及根据 ISO 17025 的实验室认可等标准能够用于测试 RIP 卷烟，成本由烟草生产商负担。报告警告说，虽然 RIP 卷烟降低风险的声称应该被允许，但减少火灾和火灾相关死亡的标准的有效性应随着标准的实施得以监测。任何关于 RIP 卷烟的立法应允许当新的研究结果可用时对标准进行加强。报告呼吁有权益的机构进行国际合作。

为了准备缔约方会议第六次会议，TobReg 审议了上述报告发布以来的活动和研究，包括 RIP 标准及其采用、监测、其对消费者认知卷烟相关整体风险的影响以及 RIP 卷烟降低火灾的有效性。作为这项工作的一部分，TobReg 要求评论标准的关联性、其存在的不足和有必要进行进一步研究的领域（详见附录 4.1）。

4.3　结　　果

RIP 卷烟管制基于源自美国国家标准与技术研究所在 1991 年卷烟消防安全法案下进行的一项测试[4]，其带来了可重复用于滤纸上的引燃倾向的测试，使用燃烧全长作为引燃倾向的指标。该方法中卷烟被平放于密闭室内不同数量的滤纸层上，该方法被称为"卷烟熄灭法"，在以前的报告中有过详细描述。"模拟家具引燃法"测试基于先前的性能标准，该方法是将一个燃烧的卷烟放在家具材料上并测试引燃倾向。简单的滤纸方法与家具测试关联性很好，并由美国材料与测试协会[1]编号为 ASTM E2187。2010 年，ISO 采用该方法，并编号为 12863:2010[5]。无论是美国国家标准与技术研究所还是 ISO标准都规定卷烟设计必须符合标准。这两个标准很相似。附录 4.2 对其程序进行了总结。

4.3.1　上述报告后的新研究

Alpert 和他的同事[6]综述了现有的 RIP 相关技术的专利和文献。Seidenberg 等[7]根据 ASTM 方法进行了测试，报道称在有规定的国家购买的卷烟趋向依从，而其他市场购买的往往趋向全长燃烧。烟草科学研究合作中心（CORESTA）最近在法国巴黎的关于烟气科学和产品技术的会议研究了一些与 RIP 相关的摘要（附录 4.3），主要关于测试参数和方法，比较 RIP 卷烟和其他产品的释放物。大多数的研究报道产品释放物之间无实质性的差异[8,9]。独立研究人员进行的关于 RIP 有害释放物、风险认知和人群影响的研究综述见后文。

4.3.2　国家和地区的立法经验及其执行

美国纽约州是第一个颁布 RIP 规定的行政区，于 2004 年 6 月颁布。加拿大于 2005 年 10 月实施管制。上述报告发布时[2]，加拿大和美国的 18 个州（占美国人口的 38%）是仅有的具有有效 RIP 规定的行政区。自 2008 年以来，RIP 标准已在四个国家和欧盟全体成员国实施 [10]。在南非，RIP 标准于 2011 年作为规定发布。[10] 在已有 18 个州采用标准的美国，其余的州在 2009~2011 年间也采取了标准。澳大利亚于 2010 年采用了标准。

这些经验说明了一些通过 RIP 法律的立法策略 [11]。应构建一个包括科学家、"燃烧"拥护者、立法者、消费者组织、公共卫生和消防安全官员的联盟，以收集卷烟使用相关火灾的数据以及标准的科学依据；随后应制定全面、一致的立法，进行公共教育活动并与决策者互动。联盟应该由科学和立法方面的专家密切建议，并注意其他行政区取得的进展，并关注公共信息，包括用于驳斥烟草行业反对的信息 [11,12]。

首先，在美国召开一系列由随后采用 RIP 立法的国家代表参加的国际会议和研讨会，包括科学家、消费群体、立法者、公共卫生和消防官员，以进行信息交换并形成政策。会议由公共卫生机构的赠款和赞助支持。其次，在所有国家使用统一的标准，消除行业内所谓不得不设计多种 RIP 卷烟类型的说法。第三，获取卷烟火灾造成的实际危害的确实数据，在一些活动中，由在卷烟引起火灾中受伤的"英雄"作为代言人。最后，达成共识，即必须起草统一全面的法律并由法律专家审查；卷烟的实际设计不应该确定，但应符合一个统一的标准。立法应允许依据新发现改变标准，要求测试费用由烟草行业支付，禁止宣称低风险并要求支付国家实施法律和后续研究的经费。成立一个集中且快速响应的团队来跟踪进展，反驳行

---

⑩　http://www.tobaccocontrollaws.org/fles/live/South%20Africa/South%20Africa%20-%20RIP%20Regs%20-%20national.pdf. 也可参见 2012 年法律实施时 BAT 向客户交流的链接：http://www.batsa.co.za/group/sites/BAT_7N3ML8.nsf/vwPagesWebLive/DO8QVAU2?opendocument&SKN=1。

业争论并防止削弱立法的尝试。这些活动促进了 RIP 法律的通过和实施，并使得随后法规的通过更容易。一旦法律通过，各国应分享他们实施的方法；然而，关于实际火灾的数据（可提高 RIP 标准）尚未得以共享或报道。

一项欧盟指令已经通过，要求 ISO 标准但不要求行业依从实验室测试。法律在澳大利亚、欧盟和南非对 RIP 卷烟有要求，这些国家占约 20% 的世界人口，并消耗大约 20% 世界上生产的卷烟。大多数是高收入国家；低收入和中等收入国家采用的很少。

4.3.3　产品符合性数据

加拿大卫生部网站上展示了 2005~2011 年 RIP 测试的结果，包括特定品牌风格的测试结果 [13]。为简单起见，TobReg 决定将生产商分为三大公司（帝国、Rothmans 和 JTI）以及"其他"（包括小进口商和当地生产商）。三大厂商占有约 97% 的市场份额 [14]。

图 4.1 显示了全长燃烧的原始数据。可以在主要生产商的产品和其他产品之间发现 RIP 依从性的明显差异：主要生产商的产品从一开始就很好地符合 RIP 标准，而其他的则需要更长的时间来符合。二元 logistic 回归（事件 / 试验）分析生产商群体和采样年份（2005~2011年）对全长燃烧的影响的结果如图 4.2 所示，证实了一开始的发现，即其他公司的全长燃烧的变化率大于大型公司（生产商的年际交互作用，$\chi^2(6)= 241.6$，$P < 0.001$）。然而，目前尚不清楚这是由于管制的有效性还是由于观察到的火灾数量，因为各大厂商占有市场的主导地位。

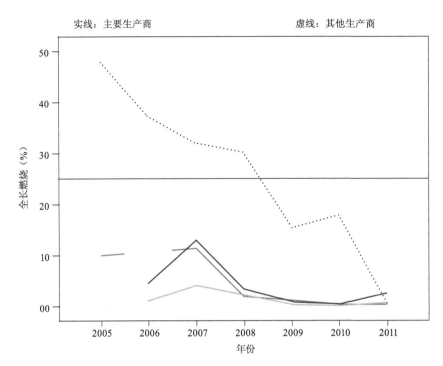

图 4.1 2006~2011 年加拿大生产商利用 ASTM E2187 方法测试的品牌中全长燃烧的比例

RIP 立法于 2005 年 10 月确立。水平线表示 RIP 标准（25% 全长燃烧）

4.3.4 风险评估以及对安全与风险的认知

引入 RIP 卷烟的行为和健康关联已在一些研究中得以解决。O'Connor 等[15] 检测了加拿大吸烟者在法规实施前后一年的观念和行为。采用随机拨号电话调查，他们获得了来自 435 位烟龄在 18 年以上的吸烟者的信息（随访率 73%），发现了类似的火灾危险行为水

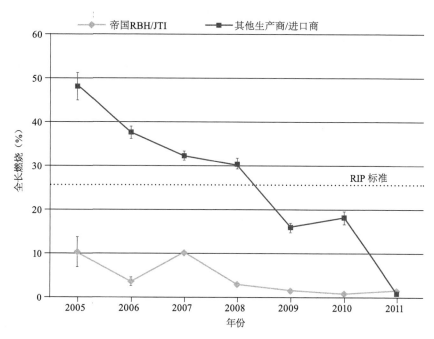

图 4.2　2006~2011 年加拿大 ASTM E2187 测试中全长燃烧的测试品牌的比例，
根据年限和生产商二元回归的结果

RIP 立法于 2005 年 10 月确立。虚线表示 RIP 标准（25% 全长燃烧）

平，如躺在床上吸烟（立法前 14.7%，立法后 13.1%）和吸烟时打瞌睡（立法前 2.3%，立法后 2.1%）。未发现担心卷烟引起火灾方面的不同。吸烟者更频繁地报告他们的卷烟在法规实施后"经常"自熄（实施前 3.7%，实施后 14.7%；$P < 0.001$），但在报道"烟灰掉落"方面没有差异（立法前 36.4%，立法后 31.3%）。Seidenberg 等 [16] 报道了类似的研究，美国马萨诸塞州吸烟者在法规实施前后发现了一个类似的模式。最初的 620 名受访者中，352 名（57%）完成了调查。报道的任由卷烟无人看管的频率（立法前 26.5%，立法后 28.1%，

$P = 0.567$）和躺在床上吸烟的频率（立法前 19.2%，立法后 19.6%，$P = 1.000$）保持不变；受访者每天吸烟超过 20 支的比例下降（立法前 21.5%，立法后 15.6，$P < 0.001$），报告"经常"自熄的情况增加（立法前 22.3%，立法后 44.2%，$P < 0.001$），而报告"烟灰掉落"的情况没有增加（立法前 43.2%，立法后 33.7%）。报告中戒烟的打算没有变化。

Adkison 等[17]研究了 2004~2011 年间 RIP 卷烟管控对消费者行为和戒断意向的影响，数据来源于在澳大利亚、加拿大、英国和美国进行的一项调查（$N = 12\,492$）。该数据是独一无二的，这是由于法律引入不同国家（以及美国国内）的时间不同，数据可支持对初始和时间滞后效应的评估。对卷烟自熄的认知随 RIP 卷烟立法而增加（OR= 2.7，$P<0.001$），戒烟意愿也一样增加（OR= 1.02，$P < 0.05$），但没有影响到吸烟者每天抽吸的数量。报道卷烟自熄的人戒断意向更频繁（OR= 1.02，$P < 0.05$）。总的来说，RIP 安全标准对消费者可接受性没有影响，且研究没有表明任何"磨损"效应（即因为 RIP 安全标准的实施而失去市场份额）。

O'Connor 等[18]报道了在两个美国城市的 160 名吸烟者中开展的 18 天研究的结果，其中一个城市的吸烟者从通常品牌转为 RIP 类型，而另一个城市的吸烟者在整个研究期间都抽吸 RIP 卷烟。目标结果包括每天抽吸的卷烟数量、吸烟行为（每口体积、持续时间、间隔）、呼出 CO、唾液中可替宁和选定 PAH（芘、萘、菲和芴）的尿液代谢物。作者报道吸烟行为、呼出 CO、PAH 代谢物（除了菲）或可替宁未因转换到 RIP 卷烟而产生显著变化。吸烟率下降了约两支 / 天，从 18 支降到了 16 支。菲的尿液代谢物水平增加 35%，而菲被认为是一种刺激剂而不是致癌物质。

June 等 [19] 报道了关于加拿大 RIP 法规引入前和 18 个月后 42 名每日吸烟者行为和暴露的研究结果。目标结果与 O'Connor 等 [18] 的研究相同。未在吸烟行为、呼出 CO、每天吸烟的数量或尿液可替宁等发现显著差异。发现选定 PAH 的代谢物有 14%~25% 的显著增加；如果该结果得以证实，这将是一个问题，因为这些生物标志物表明苯并 [a] 芘（一种已知的人类致癌物）的存在。

Côté 等 [20] 进行了一项由加拿大帝国烟草公司支持的研究，利用吸烟机估计和"部分滤嘴"法研究了焦油和烟碱的口腔暴露 [21]。总共 1086 名使用 10 个特定品牌的吸烟者，RIP 管控前后各招募一半。参与者被给予两包他们一贯的品牌以及一个用于收集滤嘴的工具盒，并被要求随意抽吸但在收集了 15 个滤嘴后放入该盒子。利用火焰离子检测器气相色谱检测滤嘴的烟碱截留，结果通过与每个品牌的校正曲线比较而被用来估计暴露，校正曲线从吸烟机抽吸参数得出。虽然法规引入前平均每天吸烟的数量显著高于引入后（引入前 22.1，引入后 20.6，$P = 0.0003$），但未观察到焦油和烟碱口腔暴露的显著性差异。应该指出的是，这是一项横断面研究而不是队列研究。

4.3.5 采用标准前后卷烟引发火灾的动态

关于 RIP 标准对卷烟引发火灾的频率影响的研究对于验证一项实验室标准在降低卷烟引起的火灾和死亡的有效性方面至关重要。对火灾原因和火灾伤亡的研究证实卷烟相关火灾相比其他成因更可能导致伤害或死亡 [22-24]。由于火灾报告系统的质量和数量，RIP 标准实施的时间较短，以及影响火灾发生率的其他趋势，包括床垫和内饰等抗引燃能力的增加、烟雾探测器、公共教育、吸烟率降低和由于室内吸烟限制引起的人们吸烟地点的变化等原因，这种研究很难开展[25]。这种研究很难进行也因为 RIP 立法不需要进行或资助此类研究，且没有集中报告系统可将 RIP 标准的依从性与火灾报告联系起来。在本报告撰写时，澳大利亚和欧盟均未公布火灾事故数据。

美国国家消防协会报道 2013 年与吸烟有关火灾的死亡人数为 1980 年有监测以来的最低水平[26]。此外，报道还说，美国 50 个州采用 RIP 标准似乎是"从 2003 年至 2011 年烟草制品火灾死亡下降 30% 的主要原因"，已经考虑到吸烟者覆盖的比例以及床垫和内饰抗引燃能力的变化。图 4.3 说明了该研究发现的事故、死亡和受伤的趋势。

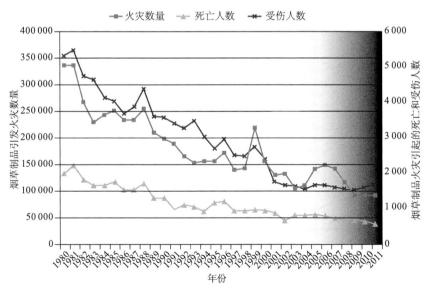

图 4.3　1980~2011 年美国与烟草制品引燃火灾相关的事故数量及死亡和受伤人数

阴影部分表示 2004 年后采用 RIP 标准的州的数量增加

资料来源：Hall[26]

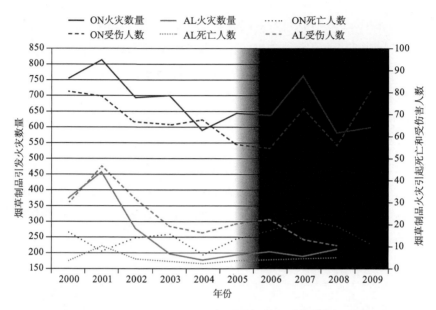

图 4.4　2000~2008 年或 2009 年加拿大阿尔伯塔省（AL）和安大略省（ON）烟
草制品火灾的事故数量及死亡和受伤人数

阴影部分表示 RIP 法案的实施

资料来源：Frazier 等 [27]

　　TriData 为菲利普·莫里斯国际公司做的一份报告检测了
2008~2009 年加拿大安大略省和阿尔伯塔省以及美国纽约州 RIP 法
案的影响 [27]。作者的结论是，"没有因为低引燃倾向卷烟而产生实
质性的减少。"安大略省和阿尔伯塔省趋势如图 4.4 所示。他们的
分析有一些严重缺陷（D. Hemenway，个人通信）；大体上说，他
们的评价的设计目的似乎就是为了发现没有影响 [28]。因为没有对
照组，评价管制政策必须包括一个相反事实的方法（即如果法案不
存在会发生什么情况？）。然而，统计分析和流行病学方法未被使

用。TriData 分析的主要问题是线性趋势的假设，纵坐标轴上事件的绝对数量被预测继续趋势而无衰减。假设降低速度快速增加，甚至得出推论事故的数量会在一些年内降至零并成为负数，这显然很荒谬（见他们的图 18 和图 22）。然而，注意到 RIP 法案实施前趋势是向上的（纽约），而他们没有画趋势线进行比较（他们的图 36 和图 37）。他们也可能忽略了佛蒙特州、马萨诸塞州、纽约州（他们的图 34）和阿尔伯塔省（他们的图 18，图 20 和图 29）可能有利影响的证据。

也许到目前为止最好的关于 RIP 标准影响的证据来自 Alpert 等[29]最近的一项关于美国马萨诸塞州消防安全卷烟法案对于防止住宅火灾有效性的评价。该分析有效控制了混杂的最主要的潜在来源，其他阻燃剂的使用增加除外，由于这方面的信息不可用。马萨诸塞州已具有美国最好的火灾报告系统之一，报道特征并未在 2008 年 1 月 1 日法案生效后改变。对报告给系统的 2004~2010 年间的非故意的住宅火灾进行了分析，以确定哪些是由卷烟引起的，并在中断的时间序列回归模型中分析了火灾情景因素改变的影响。采用泊松回归分析了法律对每月火灾发生率的影响。这期间卷烟造成 1629 起非故意的火灾。最大的减少是涉及人的因素的火灾：点燃家具、床上用品或纺织品，发生在居住区或在夏天或冬天发生（而不是在春季或秋季）。作者认为，将 RIP 标准纳入法律并在马萨诸塞州执行减少了 28%（95% 置信区间，12%~41%）的住宅火灾的可能性，特别是在标准确定的情况下。这项研究是仅有的一些高质量可靠的关于 RIP 标准对卷烟火灾影响的人群研究之一。

总之，尽管进行标准对人群影响的研究很困难，特别是考虑到标准生效的时间较短并考虑到火灾报告系统的质量，RIP 的标准似乎能有效降低卷烟相关火灾三分之一的发生率；然而，需要更多的研究来验证这一初步调查。

4.3.6 标准的实用性与不足

目前的标准是基于超过 30 年的研究，开始于"模拟家具法"，单位纸张引燃法和新兴的人群健康研究。还需要更多的研究，包括吸烟行为变化的可能影响和基质防火性能的增加。在高收入国家，该标准已被发现是有效的，无关国家因素；然而，该标准可以随新的科学结果、检测标准和卷烟特征的出现而进行改变。

4.4 结　　论

已引入 RIP 法案的国家的经验表明，这些法案成功的必要步骤是：

- 建立相关群体的联盟，包括科学家、消费者组织以及公共卫生和消防安全官员，以收集卷烟引起火灾的数据，制定相应的立法建议并与决策者互动；
- 对所有立法机构采用统一标准以推动法案采纳并消除行业里需要设计多种 RIP 卷烟的争论；
- 卷烟火灾造成的实际危害的确切数据；
- 需要遵循一个统一标准但又不指定实际卷烟设计的立法。

已从引入 RIP 法案的国家收集了依从性数据。加拿大的研究表明大型生产商实质的持续的依从性，以及较小生产商依从性的增加。

三家大型生产商占据加拿大 97% 的市场，在 RIP 标准实施后不久就很轻易地达到了性能目标，即一批样品中不能有超过 25% 的卷烟不符合标准。对于所有生产商，在 RIP 法案制定后的数年内实现了 10% 或更少样品未能满足标准。

RIP 卷烟引入后，只有较少关于行为和健康影响的研究。几乎没有任何吸烟行为（抽吸体积、抽吸时间、抽吸间隔）任何变化的证据，或者火灾风险相关行为的任何增加，如任由燃烧的卷烟不顾或在床上吸烟。一个一致的观察是 RIP 卷烟更经常自熄，但是报道中烟灰掉落频率不存在差异。抽吸 RIP 卷烟的人更倾向于戒烟或每天抽较少的烟，这方面的证据存在不一致。CO、焦油和烟碱的释放量在 RIP 卷烟和非 RIP 卷烟中相似。

在两个研究中，测量了暴露于碳氢化合物的尿液生物标志物，使用 RIP 卷烟与芘、菲和苊代谢产物增加适度相关（≤ 25%）；然而，数据存在不一致，且这一发现的意义尚不清楚。

对于 RIP 法案对卷烟引起的火灾发生率与相关伤亡影响的评价受限于诸多因素，如缺乏火灾数据或数据质量差，RIP 标准生效时间相对较短，特别是在欧盟等最近几十年的火灾发生率普遍下降的地区，清洁空气法案的引入以及如床垫和室内装饰品等基质易燃性的降低。尽管有这些限制，还是在高收入国家进行了一些严谨的研究，结果表明 RIP 管制引起卷烟引起火灾约 30% 的减少。虽然预计死亡和受伤人数将因此下降，但这种假设只有有限的证据支持。人们已经注意到 RIP 卷烟降低火灾相关伤害的有效性会随消防部门效力的不同而不同。尚没有关于 RIP 立法对室外火灾的影响或由此产生的人类或环境影响等方面的信息。

4.5 2014 年 WHO 烟草制品调查结果

WHO 关于无烟烟草制品、电子烟碱传输系统、RIP 卷烟和新型烟草制品等的问卷被发送到所有 WHO 成员国。[①] 其中 18 个成员国（5%）报告说他们具有法律强制要求所售卷烟具备 RIP 特性；WHO 六大地区中的四个（非洲地区、美洲地区、欧洲地区和西太平洋地区）的 19 个成员国（5%）报告已采用 RIP 技术标准（18 个具有强制性而 1 个非强制性）。13 个成员国（8%）由商业生产商提供 RIP 卷烟，而 19 个（8%）来自进口。调查识别出的出口国家有加拿大、中国、捷克共和国、匈牙利、立陶宛、荷兰、新西兰、韩国和美国。24 个成员国（7%）有烟草制品引发的火灾或火灾死亡的记录。有 10 年（2003~2012 年）可靠数据的成员国中，捷克共和国共报告了 8129 起卷烟引起的火灾和 177 人死亡，而挪威报告同期 74 人死亡。立陶宛报告平均每年 79 人死亡，阿曼报告每年平均 48 起火灾，瑞典报告每年平均 25 人因吸烟引起的火灾死亡。一般来说，高收入国家 30% 的火灾死亡是由于吸烟。

4.6 研 究 需 求

应在国家、地方及其组合层面进行研究以预测人群影响，包括：

- 有助于普遍降低火灾数量的因素，特别是对教育活动影响、

[①] 总共 90 个国家，包括 86 个 WHO FCTC 缔约国，于 2014 年 4 月 9 日前对问卷做出回应，代表全世界 77% 的人口。

自动喷水灭火系统以及减少基质易燃性（家具、床垫等）的研究；

- 卷烟有关的问题，如吸烟行为变化的影响，包括降低流行率，室内空气清洁法案对人们在何处抽烟、抽多少烟以及怎么处理的影响；

- 用以提高 RIP 性能、标准以及可能改变释放物和毒性的新兴的纸张设计技术；

- 在标准没有涉及的环境中由卷烟引起的火灾（户外、森林大火、户外垃圾桶）；

- 未用纸包裹的新型 RIP 卷烟标准的适用性。

关于基础设施、研究能力、资助和支持用于所有卷烟的通用 RIP 标准，应对 FCTC 缔约方和消防官员进行关于 RIP 标准在其烟草整体管控或消防计划中的重要性的调查，并要求其评价需要的资源和潜在的资助。

为了使 RIP 标准被认为是良好的制造工艺，应计算具有一个全球性设计而不是多个设计的成本效益，包括开发所需的时间和制造能力以及依从成本。应进行研究以发现在生产商处而不是在个体市场处的更简单的依从性测试方法，因而降低生产成本，并确定已被 WHO 推荐用于药物和其他产品的良好生产过程对于卷烟的适用性。

4.7　管 制 建 议

- 通用 RIP 标准应用于所有的卷烟。
- 生产商应采用 RIP 设计作为标准的卷烟生产实践。

- 实施 RIP 标准的所有成本应由生产商承担。测试能力有限的国家应考虑要求生产商向政府提交一致性声明或使用第三方认证。
- 实施这些建议将需要机构和消防部门之间的密切合作，建立一个 RIP 标准信息交流中心，调查 FCTC 缔约方和消防官员对 RIP 标准的影响，引入一项一致的报告火灾的标准，并确定这些活动将如何被资助。
- 应该继续研究以获得所有已实施 RIP 法案的国家和地区中 RIP 立法对卷烟相关火灾、死亡和伤害的人群影响的数据。

4.8 参考文献

[1] Standard test method for measuring the ignition strength of cigarettes. West Conshohocken, Pennsylvania: ASTM International; 2004.

[2] WHO Study Group on Tobacco Product Regulation. Report on the scientific basis of tobacco product regulation: second report of a WHO study group (WHO Technical Report Series, No. 951). Geneva: World Health Organization; 2008 (http://www.who.int/tobacco/global_interaction/tobreg/publications/tsr_951/en/index.html).

[3] Gann RG, Hnetkovsky EJ. Modifcation of ASTM E 2187 for measuring the ignition propensity of conventional cigarettes. Fire Technol 2011;47:69–83.

[4] Barillo DJ, Brigham PA, Kayden DA, Heck RT, McManus AT. The fre-safe cigarette: a burn prevention tool. J Burn Care Rehabilit

2000;21:162–70.

[5] Standard testing method for assessing the ignition propensity of cigarettes. Geneva: International Organization for Standardization; 2010.

[6] Alpert HR, O'Connor RJ, Spallette R, Connolly GN, Rees VW, Alpert HR, O'Connor RJ, Connolly GN. Recent advances in cigarette ignition propensity research and development. Fire Technol 2010;46: 275–89.

[7] Seidenberg AB, Rees VW, Alpert HR, O'Connor RJ, Connolly GN. Ignition strength of 25 international cigarette brands. Tob Control 2011;20:77–80.

[8] Connolly GN, Alpert HR, Rees V, Carpenter C, Wayne GF, Vallone D, et al. Effect of the New York State cigarette fire safety standard on ignition propensity, smoke constituents, and the consumer market. Tob Control 2005;14:321–7.

[9] Pang Y, Jing Y, Jiang X, Chen Z, Tang G, Xing J. Effects of low ignition propensity cigarette paper on deliveries of harmful components in mainstream cigarette smoke (in Chinese). Tob Sci Technol 2013;2:52–6.

[10] Arnott D, Berteletti F. Europe: agreement on reducing cigarette fires. Tob Control 2008;17:4–5.

[11] Goldstein AO, Grant E, McCullough A, Cairns B, Kurian A. Achieving fire-safe cigarette legislation through coalition-based legislative advocacy. Tob Control 2010;19:75–9.

[12] Barbeau EM, Kelder G, Ahmed S, Mantuefel V, Balbach ED.

From strange bedfellows to natural allies: the shifting allegiance of fire service organisations in the push for federal fire-safe cigarette legislation. Tob Control 2005;14:338–45.

[13] Laboratory analysis of cigarette for ignition propensty. Ottawa: Health Canada; 2012 (http://www.hc-sc.gc.ca/hc-ps/tobac-tabac/legislation/reg/ignition-alllumage/ analys-eng.php, accessed 20 November 2013).

[14] Smoking and Health Action Foundation, Non-smokers' Rights Association. Backgrounder on the Canadian tobacco market. Toronto, Ontario:; 2013 (http://www.nsra-adnf.ca/cms/file/files/2013_Canadian_Tobacco_Market.pdf, accessed 20 November 2013).

[15] O'Connor RJ, Fix BV, Hammond D, Giovino GA, Hyland A, Fong GT, et al. The impact of reduced ignition propensity cigarette regulation on smoking behaviour in a cohort of Ontario smokers. Inj Prev 2010;16:420–2.

[16] Seidenberg AB, Rees VW, Alpert HR, O'Connor RJ, Giovino GA, Hyland A, et al. Smokers' self-reported responses to the introduction of reduced ignition propensity (RIP) cigarettes. Tob Control 2012;21:337–40.

[17] Adkison SE, O'Connor RJ, Borland R, Yong HH, Cummings KM, Hammond D, et al. Impact of reduced ignition propensity cigarette regulation on consumer smoking behavior and quit intentions: evidence from 6 waves (2004–11) of the ITC Four Country Survey. Tob Induced Dis 2013;11:26.

[18] O'Connor RJ, Rees VW, Norton KJ, Cummings KM, Connolly GN, Alpert HR, et al. Does switching to reduced ignition propensity cigarettes alter smoking behavior or exposure to tobacco smoke constituents? Nicotine Tob Res 2010;12:1011–8.

[19] June KM, Hammond D, Sjödin A, Li Z, Romanoff L, O'Connor RJ. Cigarette ignition propensity, smoking behavior, and toxicant exposure: a natural experiment in Canada. Tob Induced Dis 2011;9:13.

[20] Côté F, Letourneau C, Mulland G, Voisine R. Estimation of nicotine and tar yields from human-smoked cigarettes before and after the implementation of the cigarette ignition propensity regulations in Canada. Regul Toxicol Pharmacol 2011;61(3 Suppl):S51–9.

[21] Shepperd CJ, Eldridge AC, Mariner DC, McEwan M, Errington G, Dikon M. A study to estimate and correlate cigarette smoke exposure in smokers in Germany as determined by filter analysis and biomarkers of exposure. Regul Toxicol Pharmacol 2009;55:97–109.

[22] Mulvaney C, Kendrick D, Towner E, Brussoni M, Hayes M, Powell J. Fatal and non-fatal fire injuries in England 1995–2004: time trends and inequalities by age, sex and area deprivation. J Public Health 2009;31:154–61.

[23] Smith J, Bullen C, Laugesen M, Glover MP. Cigarette fires and burns in a population of New Zealand smokers. Tob Control 2009;18:29–33.

[24] Anderson A, Ezekoye OA. A comparative study assessing factors that influence home fire casualties and fatalities using state fire incident data. J Fire Prot Eng 2013;23:51–75.

[25] Markowitz S. Where there's smoking, there's fire: the effects of smoking policies on the incidence of fires in the USA. Health Econ 2013;25:1353–73.

[26] Hall JR Jr. The smoking-material fire problem. Quincy, Masachusetts: National Fire Protection Association; 2013:54.

[27] Frazier P, Schaenman P, Jones E. Initial evaluation of the effectiveness of reduced ignition propensity cigarettes in reducing cigarette-ignited fires: case studies of the North American experience. Arlington, Virginia: TriData Division, System Planning Corp; 2011 (http://www.fdma.go.jp/html/life/yobou_contents/info/pdf/tabaco/kentou01/sanko04.pdf).

[28] Hemenway D.How to find nothing. J Public Health Policy 2009;30:260–8.

[29] Alpert HR, Christiani D, Orav EJ, Dockery D, Connolly GN. Effectiveness of the cigarette ignition propensity standards in preventing unintentional residential fires in Massachusetts. Am J Public Health 2014;104:e56–61.

附录4.1　方　　法

为了本文，我们搜索了一些可公开访问的数据库，包括

PubMed、Africa Index Medicus、Index Medicus for the Eastern Mediterranean Region、Index Medicus for the Western Pacifc Region、Pan American Health Organization Library、Biblioteca virtual em Saûde、Index Medicus for the South-East Asia Region、Web of Science 和 Engineering Village，搜索词为"卷烟"和"火"或"燃烧"，搜索了自 2008 年以来发表的文献。这次对已发表文献的检索还补充了谷歌搜索来识别"灰色"文献，如会议摘要、咨询组织报道和新闻报道。联络了已采用或考虑采用 RIP 卷烟标准的国家的公共卫生和消防安全官员，并从 WHO 地区办公室收集了信息。对采用 RIP 法律的国家中的关键知情人进行了采访。共确定了 26 个相关的出版物。

附录 4.2　ISO 12863 概述

1 测试 = 40 测定，每支卷烟一次测定。

结果 = 燃烧全长（点燃卷烟烧过的滤嘴烟的接装纸，或烧过非滤嘴烟的金属针）。

环境条件：湿度 55%±5%，温度 23℃ ±3℃。

有机玻璃试验箱尺寸：高 340 mm±25 mm；宽 292 mm±6 mm；深 394 mm±6 mm；烟囱高度 165 mm±13 mm，内径 152 mm±6 mm。

有机玻璃基板支架尺寸：外径 165 mm±1 mm；内径 127 mm±1 m；高 50 mm±1 mm；顶部凹槽深 10 mm±2.5 mm，延伸内径至 152 mm ±1 mm；三或四条腿抬高底座至房间地板约 20 mm±1 mm 以上；黄铜制金属环外径 150 mm±1 mm。

滤纸（Whatman # 2）应根据组合质量选择，如 15 张 24.7 g±0.5 g。

测试步骤：

1. 测试之前，用铅笔在卷烟点燃端 5 mm 和 15 mm 进行标记，建立统一的燃烧前时期。

2. 点燃卷烟，接缝朝上放置在支架中。关闭室门并移开烟囱盖。

3. 如果卷烟在支架中熄灭（即在 5 mm 和 15 mm 标志之间），记录自熄。

4. 如果卷烟烧至 15 mm 标记，从支架中取出，接缝朝上放至基板上。

5. 记录燃烧停止点。如果燃烧至接装纸（或非滤嘴烟的金属参考针），记录为全长燃烧；否则，记录为非全长燃烧。

6. 去除卷烟和滤嘴纸张并处理掉。

7. 重复步骤直至进行 40 次测定。

8. 计算观察到全长燃烧测定的比例。

附录 4.3 低引燃倾向卷烟技术相关企业最近的 CORESTA 简报

2013

Wilkinson P, Colard S, Verron T, Cahours X, Pritchard J. Control or monitoring of the LIP testing process: the fitness for purpose of the LIP standard products.

Wanna J. Alternate test substrate for ASTM test method E2187-09.

Mayr M, Vizee H. Impact of using a metal sheet as an "alternative substrate for ISO 12863" on SE performance.

Verron T, Cahours X, Colard S. LIP cigarettes: proposal for an alternative sampling design.

Gleinser M, Bachmann S, Rohregger I, Vizee H, Volgger D. Puff-by-puff analysis of mainstream smoke constituents of non-LIP and LIP-cigarettes.

Verron T, Cahours X, Colard S, Taschner P. Some key points to assess LIP regulation impact.

2012

Bachmann S, Gleinser M, Möhring D, Rohregger I, Volgger D. Puff-by-puff analysis of mainstream smoke constituents of non-LIP/FSC and LIP/FSC cigarettes.

Guyard A, Meier D, Ceccketto A, Hofer R, Li P. Impact of cigarette paper properties on smoke constituents' delivery under Health Canada Intense smoking regime.

Hesford MJ, Volgger D, Case P, Vanhala A. A further experimental design to investigate the influence of the LIP test substrate parameters on LIP pass rates and residual length measurements.

Mayr M, Volgger D. Influence of band width and band material coverage rate (total band area / total paper area) on smoke yields, SE test and free burn.

Verron T, Cahours X, Colard S. LIP cigarettes: effect of band positioning.

Verron T, Cahours X, Colard S. Trend analysis: a relevant tool to assess post-regulation impacts.

Wanna J, Le Moigne C, Le Bec L. Tobacco column influence on cigarette paper.

2011

Hesford M. A 24 factorial experimental design to investigate the infuence of LIP testing substrate parameters (basis weight, permeability and roughness) on LIP pass rates and residual length measurements.

Mayr M, Volgger D.The impact of different physical and chemical cigarette paper base sheet parameters on smoke yields, and testing of an alternative substrate for Whatman #2 using the ASTM method E.2187-09.

Inoue Y, Hasegawa Y, Kominami T. Study of heat transfer of a cigarette relating to the ignition propensity.

Loureau JM, Le Bec L, Kraker T, Le Moigne C, Wanna J, Le Bourvellec G. Influence of base paper citrate and filler amount and of band diffusion on smoke deliveries, ASTM and FASE.

2010

Eitzinger B, Volgger D. Some statistical considerations regarding the testing of LIP cigarettes.

Hesford M, Case P, Coburn S, Larochelle J, Cabral JC, DeGrandpré Y, Wanna J. A factorial experimental design to investigate the influence of band diffusivity and filler, fibre and citrate contents on the machine smoking yields and LIP performance of banded LIP papers.

Wanna J. Influence of humidity, number of filter papers, and orientation of the filter paper on ASTM results.

Hampl V Jr. Effect on ASTM test results and carbon monoxide deliveries when sodium alginate bands are on the outside of cigarettes.

Mason T, Tindall I. Correlation between manual and semi automatic measurements of ignition propensity to ASTM E2187-04.

Vincent J, Tindall I. Factors affecting the design of paper diffusivity measurement apparatus with particular reference to the design of transfer standards.

5. 烟草制品有害成分和释放物的非详尽优先清单

5.1 引　　言

本文件是针对第五次缔约方会议（韩国首尔，2012 年 12 月 12~17 日）向大会秘书处提交的，为便于第六次缔约方会议考虑的请求而准备 [FCTC/COP5（6）决议]，即"编制一份所有缔约方可获得的、与 WHO 无烟草行动共同更新的烟草制品有害成分和释放物的非详尽清单，并对缔约方如何最佳使用该信息提出建议"[1]。在同一个决议中，缔约方会议进一步决定授权第 9 条和第 10 条工作组提交关于经 WHO 验证的测试分析成分和释放物的分析化学方法的部分实施准则起草文件或进展报告，以供第六次缔约方会议审议。

2013 年 12 月 4~6 日在巴西里约热内卢召开的 TobReg 会议中，在卷烟烟气中已发现的基于定性和定量分析的 7000 种化学成分中挑选了 38 种优先清单。该有害成分清单是基于 8 个非详尽的有害物质清单：加拿大卫生部 ⑫，荷兰国家公共卫生与环境研究所 [2]，美国食品药品管理局 [3]，Counts 等 [4]，Fowles 和 Dybing[5]，"霍夫曼清单" [6]，菲利浦·莫里斯澳大利亚品牌 ⑬ 和菲利浦·莫里斯加拿大品牌 ⑭，为了平衡被识别的管制结构的现实情况的担忧。

烟草成分和卷烟烟气释放物清单是基于以下标准草拟的：

- 基于已确认的科学毒性因子，确定卷烟烟气中特定化合物的释放量水平对吸烟者是有害的；
- 有害物质在卷烟品牌间的浓度变异远大于在同一品牌内反复测定的差异；
- 已有可用技术降低烟气中特定有害物质的浓度，应强制执行上限。

当可获得烟气释放物的充足数据和对人体相关毒性的数据时，对卷烟烟气中 7000 种化合物根据相同标准进行分析。

缔约方会议第三次会议要求大会秘书处邀请 WHO 无烟草行动司验证用于卷烟烟气优先释放物和成分测试分析的分析化学方法 [FCTC/COP3（9）决议][7]。TobLabNet 已验证了三种成分（烟碱、氨和保润剂）和四种释放物（乙醛、苯并 [a] 芘、TSNA 和挥

---

⑫ 成分 : http://laws-lois.justice.gc.ca/eng/regulations/SOR-2000-273/page-13.html; 释放物 (主流烟气): http://laws-lois.justice.gc.ca/eng/regulations/SOR-2000-273/page-14.html。

⑬ http://www.health.gov.au/internet/main/publishing.nsf/Content/health-tobaccoingredients- philip-2013。

⑭ 咨询加拿大卫生部或在 tfi@who.int 获得。

发性有机化合物）的方法。到目前为止，对 CO、保润剂、苯并 [a]
芘、烟碱和 TSNA 的方法验证已经完成，对氨、挥发性有机化合物
（苯和 1,3- 丁二烯）和醛类（乙醛、丙烯醛和甲醛）的方法还正在验
证中。

5.2 结果综述

TobReg 评估了加拿大卫生部、荷兰国家公共卫生与环境研究所、
美国食品药品管理局等几个监管主体发表的，与癌症、心血管疾病
和肺病相关的有害和有害化合物清单，也回顾了 TobReg 报告中的有
害物质清单 [8]。TobReg 随后起草了一份修订的烟草制品有毒成分和
释放物的非详尽清单，见 5.4 节；但是，应当注意的是，该清单仅代
表了燃烧型烟草制品全部复杂混合物中的一小部分，且烟草制品释
放物的总体毒性不一定与单一化合物毒性相关。

巴西国家卫生监督管理局、加拿大卫生部和美国食品药品管理
局的前期经验应在 WHO FCTC 的缔约国和非缔约国应用，以敦促烟
草行业依据第 9 条和第 10 条部分实施准则的要求披露烟草制品释放
物信息。

一些缔约国在管制政策中包括了焦油，其并未列入烟气释放物
的有害成分优先清单中，因为每种类型产品的焦油成分都存在定性
和定量的差异，限制了测试分析验证的可能性。

TobReg 以前曾表达过对卷烟烟气中镉、铅、镍、砷和钋的关注。
尽管这些金属在卷烟烟气中存在时表现出极高的风险，但目前还没
有经多个实验室验证的标准方法来测试和检测它们 [9]。

因为世界范围内水烟（shisha）使用的增加，TobReg 得出结论：迫切需要一个经多个实验室验证的方法，实现水烟烟气中烟碱的测定，烟气中烟碱和其他优先级释放物的相对浓度也应开展研究。

优先清单中所列的抽吸型烟草制品的一些释放物与无烟烟草制品无关或相关性较小。例如，CO 由燃烧产生，因此在无烟烟草制品中并不存在。无烟烟草制品的优先清单目前仅包括烟碱、TSNA 和苯并 [a] 芘，但是没有标准的经多个实验室验证的方法可用于无烟烟草制品中这些化合物的测定。TobReg 得出结论：无烟烟草制品中这些成分的测试方法应进行充分的验证。

TobReg 得出结论：应基于科学知识和已广泛应用于食品和其他消费品的原则（通常基于合理地确保安全性的原则），规定烟草制品有害释放物成分的上限。TobReg 认为相同原则应适用于烟草制品。

5.3 建　议

- 缔约方会议应请求 WHO 授权 TobLabNet 建立烟草制品中砷、镉、铅释放量的标准方法。
- 无需检测焦油，因为其不是管制的合理基础，且其水平会产生误导。
- 尽管建议的成分和释放物优先清单是为标准卷烟起草，TobReg 建议对其他抽吸型烟草制品使用相同的清单，例如非标准卷烟（如细支烟）、雪茄、水烟、烟枪和手卷烟或"自制"

卷烟。

- 对于标准卷烟和其他烟草制品，正如之前所提倡的 [8]，释放物中的化学成分释放量应以相对于烟气烟碱浓度的形式进行报告。

- 缔约方会议应请求 WHO 授权 TobLabNet 发布经验证的水烟（shishas）烟气中烟碱测定方法。

- 各国应管制无烟烟草制品中的烟碱、TSNA 和苯并 [a] 芘。

- 缔约方会议应请求 WHO 授权 TobLabNet 建立经验证的无烟烟草制品中的烟碱、TSNA 和苯并 [a] 芘的测定方法。

- 成分和释放物的优先级清单应与经验证的 TobLabNet 方法一起使用，作为 WHO FCTC 第 9 条中所述的对成分和释放物管制的基础。

- 作为成分和释放物管制的初始步骤，按照第 9 条的规定，缔约方应开始监测各自市售卷烟的优先级成分和释放物。按照第 10 条部分实施准则的约定，每个牌号、每个成分和释放物的数据应由烟草行业提供，验证测试的费用应由烟草行业承担。

- 管制步骤应包括基于已建立的毒理学原则对烟草制品有害成分释放物设定上限。

- 烟草释放物包括许多化学物质；因此，成分和释放物的优先清单仅是帮助缔约方履行第 9 条和第 10 条要求的第一步。

- 卷烟成分和释放物的优先清单，其他抽吸型烟草制品和无烟烟草制品应基于新的科学知识，适时地定期重新评估。

5.4 烟草制品有害成分和释放物的非详尽优先清单^⑮

乙醛

丙酮

丙烯醛

丙烯腈

1- 氨基萘

2- 氨基萘

3 - 氨基联苯

4- 氨基联苯

氨

砷

苯

苯并 [a] 芘

1,3- 丁二烯

丁醛

镉

一氧化碳

邻苯二酚

间甲酚

对甲酚

邻甲酚

---

⑮ 该清单比向 WHO FCTC 第六次缔约方会议提交的 WHO 报告 [10] 中 38 种清单多 1 种化合物，因为，基于充分的科学证据和 TobReg 的进一步审议，砷被加入该清单。

巴豆醛

甲醛

氰化氢

对苯二酚

异戊二烯

铅

汞

烟碱

氮氧化物

N'- 亚硝基假木贼碱（NAB）

N'- 亚硝基新烟草碱（NAT）

4-(N- 甲基亚硝胺基)-1-(3- 吡啶基)-1- 丁酮（NNK）

N'- 亚硝基降烟碱（NNN）

苯酚

丙醛

吡啶

喹啉

间苯二酚

甲苯

5.5 参 考 文 献

[1] Decision FCTC/COP5(6). In: Decisions. Fifth Session of the
Conference of the Parties to the WHO Framework Convention

on Tobacco Control. Geneva: World Health Organization; 2012 (document FCTC/COP/5/DIV/5) (http://apps.who.int/gb/fctc/PDF/cop5/FCTC_COP5%286%29-en.pdf).

[2] Talhout R, Schulz T, Florek E, van Benthem J, Wester P, Opperhuizen A. Hazardous compounds in tobacco smoke. Int J Environ Res Public Health 2011;8:613–28.

[3] Harmful and potentially harmful constituents in tobacco products and tobacco smoke: established list. Silver Spring, Maryland: Food and Drug Administration; 2012.

[4] Counts ME, Morton MJ, Laffoon SW, Cox RH, Lipowicz PJ. Smoke composition and predicting relationships for international commercial cigarettes smoked with three machine-smoking conditions. Regul Toxicol Pharmacol 2005;41:185–227.

[5] Fowles J, Dybing E. Application of toxicological risk assessment principles to the chemical toxicants of cigarette smoke. Tob Control 2003;12:424–30.

[6] Thielen A, Klus H, Müller L. Tobacco smoke: unraveling a controversial subject. Exp Toxicol Pathol 2008;60:141–56.

[7] Decision FCTC/COP3(9). In: Decisions. Third Session of the Conference of the Parties to the WHO Framework Convention on Tobacco Control. Geneva: World Health Organization; 2008 (document FCTC/COP/3/DIV/3) (http://apps.who.int/ gb/fctc/PDF/cop5/FCTC_COP5%286%29-en.pdf).

[8] Study Group on Tobacco Product Regulation. Report on the scientific basis of tobacco product regulation. Geneva: World Health

Organization; 2008 (WHO Technical Report Series, No. 951) (http://www.who.int/tobacco/publications/ prod_regulation/trs_951/en/).

[9] Study Group on Tobacco Product Regulation. Report on the scientific basis of tobacco product regulation. Fourth report of a WHO study group. Geneva: World Health Organization; 2012 (WHO Technical Report Series, No. 967) (http://www. who.int/tobacco/publications/ prod_regulation/trs_967/en/).

[10] Work in progress in relation to Articles 9 and 10 of the WHO FCTC. Report by WHO. In: Sixth Session of the Conference of the Parties to the WHO Framework Convention on Tobacco Control. Geneva: World Health Organization; 2014 (document FCTC/COP/6/14).

6. 总 体 建 议

6.1　新型烟草制品

　　6.1.1　主要建议

　　6.1.2　对公众健康政策的意义

　　6.1.3　对 WHO 方案的启示

6.2　无烟烟草制品

　　6.2.1　主要建议

　　6.2.2　对公众健康政策的意义

　　6.2.3　对 WHO 方案的启示

6.3　低引燃倾向卷烟

　　6.3.1　主要建议

　　6.3.2　对公众健康政策的意义

　　6.3.3　对 WHO 方案的启示

6.4　烟草制品有害成分和释放物的非详尽清单

　　6.4.1　主要建议

　　6.4.2　对公众健康政策的意义

　　6.4.3　对 WHO 方案的启示

TobReg 受委托提供一系列报告，为烟草制品管制提供科学基础。

根据 WHO FCTC 第 9 条和第 10 条的规定 ⑯，这些报告对造成重要公众健康威胁的烟草制品管制的基础措施进行鉴别。

第七次会议聚焦于推进烟草制品管制的关键问题，特别是 WHO FCTC 第五次缔约方会议上概括的问题。⑰ 讨论的主题包括新型烟草制品和相关产品的进展，无烟烟草制品，低引燃倾向（RIP）卷烟，降低烟碱、致瘾性以及非详尽有害成分优先清单。

6.1 新型烟草制品

6.1.1 主要建议

除了含有烟草以外，被认为是"新型"的烟草制品还必须至少满足下列条件中的一个：上市不足 12 年；上市已久的产品类型，但市场份额在传统上不使用该类型产品的区域增加；应用新技术；以比其他烟草制品有较低健康危害的身份上市。

应该对新型烟草制品毒性、疾病关联、消费者认知和看法、使用形式和使用人口统计资料进行评估。此类产品需要标准的评估方法，管制者只有当其上市前测试中表现出可能的公众健康益处时才能批准。烟草行业使用的"降低危害"的概念和促进宣称有低健康危害产品使用的措施效果和效力，均应被评估和与公众进行有效沟通，以避免错误认知。

---

⑯ 更多信息可参见：http://www.who.int/fctc/text_download/en/ (2014 年 11 月 28 日)。

⑰ 更多信息可参见见 FCTC/COP5(6) 决议 3(b) 段和 FCTC/COP5(10) 决议 1~4 段：http://www.who.int/fctc/cop/en/ (2014 年 11 月 28 日)。

6.1.2　对公众健康政策的意义

对新型烟草制品使用的主要担忧包括未知毒性、产品使用行为的改变、戒烟率下降、初吸增加、维持烟草使用的"双重使用"[18]，以及公众对宣称低危害产品相关的实际风险的误解。

6.1.3　对 WHO 方案的启示

监督措施应更全面和一致，关于新型烟草制品研究数据的收集应更系统。

6.2　无烟烟草制品

6.2.1　主要建议

需要更加清晰的政策来处理无烟烟草制品面临的挑战。与抽吸型烟草制品相比，无烟烟草制品价格更低，警语标识更弱，仅较少资源用于其监督、预防和控制。应加强基于证据的控制措施，例如确保产品成分的披露，对有害成分和最大 pH 水平设定性能标准，禁用香料，使用有效的相关健康警语标识，增加产品税，限制或禁止此类产品，增加公众对其使用相关危害的认知。

---

[18]　两种形式烟草同时使用是越来越受关注的公共卫生热点。但是，到目前为止，没有关于"双重使用"的一致定义。出于目前的目的，该术语指同时使用卷烟和无烟烟草制品，或同时使用卷烟和新型烟草制品，每种产品可以是每天使用或间断使用。

6.2.2　对公众健康政策的意义

应该对无烟气烟草制品总体影响给予更多关注，包括未成年人使用，双重使用，"多重使用"，以及室内使用定向营销的增加。

6.2.3　对 WHO 方案的启示

关于无烟烟草制品的使用、监督和特征，以及每个产品使用可产生的健康后果都需要补充数据。此外，需要更好地了解此类产品的市场和有效的区域性教育、预防和干预治疗。需要资源和协作工作来获得这些数据。

6.3　低引燃倾向卷烟

6.3.1　主要建议

RIP 相关法律已经在澳大利亚、加拿大、南非、美国和欧盟颁布，但该模式尚未在许多中、低收入国家跟进。理想状态下，该技术将应用于所有卷烟加工；为实现该目标，测试必须在认可的实验室进行标准化，费用由烟草行业承担。不应允许降低健康风险的宣称。应该设定监测以确定该技术在降低卷烟相关的火灾数、死亡数和伤病数中的有效性。应该对卷烟生产中与 RIP 意识提高相关的毒性和行为改变设定监测。

6.3.2 对公众健康政策的意义

吸烟引起的火灾是重要的公众健康风险，导致大量死亡。根据可获得的数据，在 RIP 法规实施区域，吸烟相关火灾降低了约 30%。测试显示基于 RIP 技术制造的卷烟与传统卷烟相比，释放物之间并无一致性差异。这些发现反驳了烟草行业的宣称。

6.3.3 对 WHO 方案的启示

关于 RIP 卷烟毒性和释放物、可能造成的吸烟行为的改变、减少卷烟相关火灾数和死亡数的可能性均需要更多的研究。

6.4 烟草制品有害成分和释放物的非详尽清单

6.4.1 主要建议

根据卷烟成分和释放物中已发现的化学成分（多达 7000 种），TobReg 确定了一份含有 39 种卷烟烟气成分和释放物的非详尽优先清单，并建议在所有烟草制品中监测这 39 种有害物质。该标准包括其对吸烟者的潜在毒性和不同卷烟品牌间的浓度变化。随着科学基础的进步，很可能会修订或扩展该清单。

6.4.2　对公众健康政策的意义

如 WHO FCTC 第 9 条和第 10 条所述，该清单将引导成分和释放物的管制。随着可用新技术的发展，该清单应定期重新评估。

6.4.3　对 WHO 方案的启示

烟草制品成分和释放物应采用经 TobLabNet 验证的方法进行检测和管制。网络中的实验室已验证了焦油、烟碱、CO、TSNA，苯并 [a] 芘和保润剂的测试方法，对氨、挥发性有机化合物和醛类测试方法的验证正在进行中。应对网络中正在建立烟草中镉和铅、水烟烟气中烟碱、无烟烟草制品中烟碱、TSNA 和苯并 [a] 芘测试方法的实验室给予优先权。

7. 烟草烟气管制：现状评述 [19]

7.1 背景

7.2 建议的措施

7.3 设定上限相关问题

7.4 参考文献

7.1 背　　景

本评论指出了那些广泛熟知的卷烟设计元素，已有明显证据显示其有害性，且基于现有技术其有害性一定可以降低。

---

[19] 这是 Nigel Gray 博士基于深入思考的论文所发表的评论，其创作独立于 2013 年 12 月的 TobReg 第七次会议，也未受到 WHO 委任。其并不代表 WHO 或 TobReg 的观点。但是认识到本文发人深省的内容和目标，以及鉴于 Gray 博士是公共卫生和烟草控制领导者和有远见者，TobReg 成员一致同意推荐其作为评论收录于本报告。 Gray 博士自从 2000 年 SACTob（烟草制品管制科学咨询委员会）成立起即为 TobReg 服务，他大大引领了 TobReg 的方向和报告。WHO TobReg 以能得到他的服务为荣，全球烟草控制在他的贡献下得到显著进步。2014 年 12 月 20 日，Nigel Gray 博士在其亲属陪伴下平静去世。WHO 对 Gray 博士的悼文见：http://www.who.int/tobacco/communications/highlights/nigelgray/en/。

经过了几个世纪，烟碱传输系统已经得到了发展，随着 1880 年高效机械化的发展，卷烟成为赢家。两次世界大战之间没有发生较大改变，但是，从那时起，卷烟成为烟碱传输系统的首选。它已经发展成由烟草和添加剂制成的高度复杂的化学混合物，比一战和二战期间部队喜好使用的简单的"廉价卷烟"显然更具致瘾性 [1]、腺癌致癌性 [2,3] 和"吸引力 [1]"。

在西方，卷烟的竞争者普遍在替代其作为首选的比赛中失败。在发展中国家，有大量的具有高毒性、高致癌性、高烟碱含量的无烟烟草制品，但这些也无法挑战卷烟。即使在产品种类多样且丰富的印度，卷烟仍声称占有 40% 的消费市场 [4]。这种情况可能有两个原因：全球法人团体的实力集团对投资制作和销售都非常廉价的卷烟产品感兴趣，以及现代卷烟的技术光辉。

在发达国家，公共卫生机构已经考虑了发展昂贵的烟碱替代疗法作为替代选择，有些情况下，还采用其他选择，例如鼻烟和近期的电子烟。但没有任何一种产品对卷烟市场造成重要影响，卷烟控制了烟碱成瘾的战场，并在全球市场中占有大约 65%~85% 的份额 [5]。

大量文献报道了卷烟替代品与"卷烟"对比下的毒性降低，例如无烟烟草制品和烟碱替代疗法 [6-8]。许多这些对比都隐含"卷烟"是标准的产品。显然，这不是事实，如表 7.1 所示，尽管将"卷烟"和低毒性产品（例如鼻烟）进行对比，对于通过产品改变来提高减害的可能性来说是合理的，但这回避了一个事实，即当今卷烟是一个高度变异的产品，可能引起不同程度的危害。对卷烟的配方未见报道，但一定会随着时间改变，消费者也会更换品牌，这些已经发生或可能发生，没有关于特定品牌和特定疾病结果相比较的研究。

因此，没有精确的方法能确定是否 Marlboro 致癌性、腺癌致癌性、鳞屑致癌性比 Virginia Slims 更高或更低。现代流行病学是建立在"卷烟"使用作为剂量单位上的，个别研究了焦油水平的差异。很可能大多数研究的主要结果都已经受了时间的考验，因为它们实际上都是严谨的保守的陈述。

表 7.1　卷烟中致癌物和其他有害物质的水平

有害物质	最低值	最高值	变异（倍数）	3 倍
NNK（ng/ 支卷烟）	12.4	107.8	9	37.2
NNN（ng/ 支卷烟）	5	195	19	15
苯并 [a] 芘	6.6	29.3	4	19.8
乙醛（μg/ 支卷烟）	32	643	20	94
丙烯醛（μg/ 支卷烟）	2.4	61.9	24	7.2
苯（μg/ 支卷烟）	6.1	45.2	7	18.3
丁二烯（μg/ 支卷烟）	6.4	54.1	8	19.2
甲醛（μg/ 支卷烟）	1.6	52.1	30	4.8
CO（mg/ 支卷烟）	1.1	13.4	13	3.3

美国和加拿大的立法通道允许干涉卷烟设计，这为相关领域的管制提供了希望，但截至目前仅对香料使用进行了改变。这很可能反映了制造商和政府机关的相对权利。相对权利的副作用就是导致公共卫生当局没能对产品设计设定实际的而不是理论的控制。更严重的是造成非烟草企业科学家那些本应引起卷烟设计改变的出色研究与公众健康政策脱节。

在这种情况下，TobReg 和 WHO 的一个明显的任务是应该合理地期望制定更多卷烟设计参数，并且这些参数可以立刻在尚无富有经验公共卫生机构或烟草研究设施的国家引用。这些国家需要关于那些基于研究的、科学严谨的、无可争辩的卷烟设计的立即执行的建议。WHO 的不足是不能制定法律，仅能建议缔约方。但是，也有一个相应的优点，即其建议是受广泛认可的。在 WHO 内部，仅 TobReg 有独立的烟草制品设计领域的专家。因此，建议 TobReg 设立一系列可被感兴趣国家例行的、快速接受的卷烟设计参数，就像接受 WHO 对流感疫苗的建议一样。

TobReg 的报告 [1] 几乎覆盖了所有已知的对卷烟依赖性有贡献的"品质"和化合物。尽管对其进行了命名和描述，但 TobReg 并没有任何建议措施。然而，出版物为特定的管制措施打好了基础，可以在此处进行推荐。应当注意的是，制造商在使用化学品改变来实现品质改变方面已表现出非凡的才能。对 TobReg 文件文本的回顾揭示了以下品质。这些建议被 WHO 全面参考，并加入了一些新的参考文献。

影响初吸和维持成瘾的因素（品质）

- 吸引力
- 气味
- 香味
- 吃味
- 凉爽度
- 柔和性

影响"固着"强度的因素（品质）

- 滤嘴通风
- 传输速率
- 吸收效率
- pH
- 颗粒尺寸

- 具有低烟碱和丰富香味的初吸型产品

促进依赖性的化合物：

- 烟碱
- 假木贼碱
- 降烟碱
- 薄荷醇
- 乙醛
- 氨
- 乙酰丙酸
- 单胺氧化酶抑制剂
- 尿素
- 巧克力

WHO[1] 关于应该设定限量的致癌物和有害成分的清单：

- NNK
- NNN
- 乙醛
- 丙烯醛
- 苯
- 苯并 [a] 芘
- 1,3- 丁二烯
- CO
- 甲醛

基于目前我们所掌握的知识，现在正是考虑采取措施的理想时机。

7.2　建议的措施

作为卷烟管制的初始步骤，可以采取下述已具有有力证据的措施。

- 卷烟应包含相对标准的烟碱剂量，向吸烟者传输时伴随有最少量的致癌物和其他毒物。此处不做进一步讨论，因为关于烟碱剂量的问题，包括可供选择的将烟碱降低至不致瘾水平的方法，在本报告的附录 3 中有介绍。
- 有利于补偿抽吸的因素不应鼓励，滤嘴通风就是典型的例子。
- 增加烟气致瘾性或吸引力的添加剂应被禁止。
- 强烈主张禁用所有添加剂，除非是出于公众健康原因进行使用，例如制作 RIP 卷烟时要求使用的添加剂。
- 对那些已知且必要技术可行的致癌物和其他有害物质设定上限。
- 需要可提供一致结果的测量体系。目前的加拿大系统 [9] 满足该要求，且具有使用胶带包裹滤嘴，以降低滤嘴通风的影响的优势。
- 制造商应被要求满足此处建议的性能标准，应披露相关致癌物和其他有害物质的水平。目前加拿大系统也满足该要求。
  由此引出对下述性能标准的考虑：

亚硝胺：烟气行业已经建立了标准方法用于降低亚硝胺水平，即由瑞典火柴开创的 Gothatiek 标准 [10]pp.23-41。其被用于如 snus 等产品，可以被作为初始步骤，尽管这些致癌物的水平仍可以被进一步降低（S. S. Hecht，个人联系）。

PAH：这类化合物的水平也可使用 Gothatiek 标准而被显著降低。TobReg[11] 考虑的其他主要致癌物和有害物质由表 7.1 列出，展示了 2002 年 Counts 等 [12] 报道的国际市场卷烟中的高水平和低水平。水平的范围跨度惊人地大，恰好覆盖了国际样品，尽管其局限于仅选择菲利浦·莫里斯公司的牌号。

7.3　设定上限相关问题

对于消费品中致癌物和其他有害物质设定限量并无先例，其简单原因是通常的公众健康措施会将其设定为 0。任何管制者都应需要相当大的说服力才能接受设定一个不是最低可实现的可接受的限量。允许的水平是最低水平的数倍无疑是非常荒谬的，如表 7.1 所示：例如，NNK 为 8 倍，乙醛为 19 倍，丙烯醛为 24 倍，苯为 7 倍，丁二烯为 6 倍，甲醛为 30 倍，CO 为 12 倍。

如果上限设定为市场上获得的最低水平的 3 倍，将轮到制造商证明如此（宽宏大量的）限量应该增加。因此，超出该限量的举证责任应该由制造商承担，对任何提高限量的唯一可以接受的理由只能是实现该设定限量是生物化学上不可行的。允许最低高于可实现最低水平的 3 倍变异，显然已是非常宽宏大量，可以设立先例并应该设定两年的试用期，之后对限量进行评估，根据实际情况，设定更低限量。

这些简单措施应：

- 减少补偿抽吸诱因，因为卷烟应提供消费者选择的剂量；
- 去除大量的成为致瘾性基础的复杂因素；

- 与降低火灾风险一致；
- 降低腺癌相关风险（已明确与亚硝胺暴露有关 [2,3]）；
- 通过降低亚硝胺和 PAH 降低总体致癌性负担。

10 种亚硝胺几乎可以全部去除，9 种 PAH 水平也将大幅度降低。该改变连同表格中所示其他物质的水平，可被称为激动人心的，但其实际反映的是 6 年前首次提出的观点 [11]。

不能也不应否认卷烟在符合这些性能标准时将会比现有产品危害性更低，此处绝不是指可以允许进行"健康"宣称，因为其收益尚未量化，且未在任何伦理学试验中确认该效果在一段时期后是否可见。卷烟仍将是烟草相关疾病的最大起因。

然而，我们应该清楚我们正在尝试做的事情是适用于卷烟的"降低危害"。该原理是低焦油卷烟运动的基础，起初将降低危害作为目标，但因为烟草行业的欺骗和公共卫生机构缺乏相关知识和试验设施让其进行说明，而最终失败。

时代已经改变了。

因此，这些改变不仅仅是基于公众健康管制常规的预防原则进行调整，也是因为大量改变无疑将随时间降低癌症发病率和致瘾性。事实上我们不知道该降低有多大程度或需要多长时间，但这不能作为我们接受现状的理由。

7.4　参　考　文　献

[1] WHO Study Group on Tobacco Product Regulation. Report on the scientific basis of tobacco product regulation. Fourth report of a WHO

study group (WHO Technical Report Series, No. 967). Geneva: World Health Organization; 2012.

[2] Burns DM, Anderson CM, Gray N. Has the lung cancer risk from smoking increased over the last fifty years? Cancer Causes Control 2011;22:389–97.

[3] Burns DM, Anderson CM, Gray N. Do changes in cigarette design influence the rise in adenocarcinoma of the lung? Cancer Causes Control 2011;22:13–22.

[4] IARC monographs on the evaluation of carcinogenic risks to humans. Vol. 89. Smokeless tobacco and some tobacco-specific N-nitrosamines. Lyon: International Agency for Research on Cancer; 2007.

[5] Jha P, Chaloupka F. Tobacco control in developing countries. Oxford: Oxford University Press; 2000.

[6] Fox BJ, Cohen JE. Tobacco harm reduction: a call to address the ethical dilemmas. Nicotine Tob Res 2002;4(Suppl 2):S81–7.

[7] Gilpin EA, Pierce JP. The California tobacco control program and potential harm reduction through reduced cigarette consumption in continuing smokers. Nicotine Tob Res 2002;4(Suppl 2):S157–66.

[8] Foulds J, Ramstrom L, Burke M, Fagerstrom K. Effect of smokeless tobacco (snus) on smoking and public health in Sweden. Tob Control 2003;12:349–59.

[9] Canadian tobacco reporting regulations. Ottawa: Health Canada; 2003.

[10] WHO Study Group on Tobacco Product Regulation. Report on setting regulatory limits for carcinogens in smokeless tobacco. Geneva: World Health Organization; 2010 (WHO Technical Report

Series No. 955).

[11] WHO Study Group on Tobacco Product Regulation. Contents and design features of tobacco products: their relationship to dependence potential and consumer appeal. Geneva: World Health Organization; 2007 (WHO Technical Report Series, No. 945).

[12] Counts ME, Morton MJ, Laffoon SW, Cox RH, Lipowicz PJ. Smoke composition and predicting relationships for international commercial cigarettes smoked with three machine-smoking conditions. Regul Toxicol Pharmacol 2005;41:185–227.

附录 1　包括潜在降低暴露量产品在内的新型烟草制品：研究需求和建议

I. Stepanov 博士，明尼苏达大学（美国明尼苏达州明尼阿波利斯）环境卫生科学学部与共济会癌症中心

L. Soeteman-Hernández 博士，荷兰国家公共卫生研究院（荷兰比尔特霍芬）健康防护中心

R. Talhout 博士，荷兰国家公共卫生研究院（荷兰比尔特霍芬）健康防护中心

A1.6 发展中的技术

A1.6.1 代替传统卷烟燃烧的加热技术

A1.6.2 烟草加工工艺和滤嘴结构的改变

A1.6.2.1 含碳纤维或醋酸纤维滤嘴的烟草替代薄片

A1.6.2.2 烟草混合物处理及含有功能化树脂或碳的滤嘴

A1.6.2.3 烟草替代薄片和两段式碳滤嘴的结合

A1.6.3 滤嘴结构的改良

A1.6.3.1 滤嘴中的氨基功能化离子交换树脂

A1.6.3.2 滤嘴中的钛酸盐纳米片、纳米管和纳米线材料

A1.6.3.3 活性炭滤嘴

A1.6.4 2013 年 CORESTA 会议所展现的研究进展

A1.6.4.1 烟草添加剂

A1.6.4.2 滤嘴添加剂

A1.6.4.3 前体研究

A1.7 总结

A1.7.1 非燃烧型口用产品

A1.7.2 卷烟和类卷烟装置

A1.8 结论

A1.9 致谢

A1.10 参考文献

附录 包括潜在"减害"产品在内的新型烟草制品调查问卷

A1.1 摘 要

本附录提供了新上市和试销产品以及新兴用途产品的概述，包括口含烟、改良或替代型卷烟、水管烟和显著改变传统的产品。对发展中的新技术，例如通过加热替代传统烟草燃烧，改变烟草加工工艺和滤嘴结构也进行了讨论。

通过研究这些产品已发表的研究我们得出结论：新型烟草制品对公众健康的影响是不明确的。潜在的无法识别的毒性，通过招募初吸者，戒烟者复吸，有可能戒烟的吸烟者维持烟草使用等形式增加或持续烟草使用的流行性，双重使用一种新型烟草产品和卷烟，通过初吸一种新型烟草制品后转为抽吸卷烟的可能性，是许多公共卫生研究者和倡导者的主要担忧。目前的研究状况没有提供足够的证据排除其中任何担忧。

我们建议提高对新烟草制品的系统性全球监督，开发评估其使用相关风险的标准方法，研究新产品的营销和消费者认知，发展向专业人士和公众传达这些产品信息的有效途径，介绍一致的命名法和评估政策对新产品使用流行的影响。我们还建议监管机构考虑扩大其监管框架，不仅包括所有现有的和新兴的烟草制品，也包括使用类似方法的产品（如草本卷烟）和烟草使用的配件（如水烟炭），建立新产品上市前的批准要求，监测每个国家新烟草制品的流行，恰当地按轻重缓急发展烟草控制和管制措施，并制定降低新产品毒性、吸引力和成瘾性的管制策略。

A1.2　背　　景

在过去的十年中，一系列新的烟草制品和产品类型已经投入到全球市场。设计一些口用的新产品，例如可溶解烟草制品和在美国制造的"snus"。其他的创新点本质上都是改良卷烟，含有特殊处理的烟草或新型滤嘴或以新的方式传输可吸入烟草，例如在一个较低的燃烧温度或加热代替燃烧烟草。这些产品中的一些可能是烟草行业尝试生产和销售的低有害烟草成分暴露的产品，一些已经或正在伴随暗示或明确的健康宣传上市。而减少暴露的一般概念是推测的，使用此类产品或误解使用"减少暴露"产品的健康益处可能会产生意想不到的健康后果。例如，"light"卷烟的上市增加了降低暴露的错误期望，它们没有降低健康风险。降低卷烟中烟碱的含量是烟草制品的另一个创新；此类卷烟有较低的致瘾性，从而导致吸烟流行率的下降。其他创新，如卷烟滤嘴中的薄荷胶囊，与降低风险无关。进一步改变或加工烟草作物和新的烟草传输产品可能被研发。一些国家以前没有使用过的一些烟草制品的新兴用途，可能带来的未知后果，是另一个值得关注的问题。

随着新烟草制品多样性的增加，应该开展对个体和种群水平影响的严谨研究。在过去的十年里已经对一些产品进行了大量的独立研究，烟草公司发表了可能已经在市场上出现的产品的测试结果。总结关于产品毒性的现有知识和产品的市场销量，对于了解科学现状、识别空白领域和未来方向具有重要作用，从而为烟草控制政策和法规提供充足基础。我们的目的是系统地识别并评估发表的同行评议出版物和关于新兴烟草制品类型、性能和影响的其他资料，包括那些潜在的"风险改良"。

A1.3　"减害"的概念

通过"减害"措施发展低毒性和低致瘾性的烟草制品，可能是用于减少烟草相关的死亡和疾病的综合方案中的一个有效部分。这种策略不仅在群体规模上有益，而且对那些不愿意或无法打破烟草依赖的使用者可能也起到必要的降低风险的作用。

"减害"概念对于烟草行业和公众健康和烟草控制中的研究人员可能有不同的含义。直到现在，行业主要集中在降低卷烟烟气中有害成分的测定量上；然而，从公众健康的角度来看，在不充分或未经核实的信息基础上，营销此类烟草制品可能暗示着减少暴露和风险。"淡味"或"低焦油"卷烟的生产和销售历史是一个众所周知的例子，消费者被减少危害的无效保证误导。公众健康研究人员和烟草控制专家因此担心实际暴露量和消费者对成分的摄入量、引入新消费者的可能性和烟草制品的潜在致瘾性[1,2]。因为成瘾和许多与烟草使用相关的疾病风险都与烟草成分的暴露水平相关，降低暴露应该是烟草控制的一个重要组成部分。烟碱和烟草研究学会[3]已为减少暴露的方法提出了几项基本原则。

- 方法的目的必须是减少烟草引起的死亡和疾病。
- 这种方法的长期目标应该是让吸烟者不使用烟草和烟碱。
- 方法不应引入任何风险，关于安全性的数据应广泛，包括长期使用的数据。
- 方法不应加重个人烟碱依赖。

- 不应该降低最终停止使用烟草的可能性。
- 方法不应增加烟草依赖性人群流行率。
- 不应该具有对青少年的吸引力或增加其误用或滥用的风险。
- 任何对该方法的推广或营销，都应该提供关于戒烟的一致性信息并提供戒烟和终止产品使用的帮助。

在设计减少暴露的方法时，使用这些基本原则可能会加快低毒性水平产品的评估，给消费者提供比目前可用的传统卷烟危害小的选择。

A1.4 方 法

A1.4.1 数据来源

文献主要在 PubMed 数据库和使用 SciFinder 搜索工具寻求，从 MEDLINE 和 CAplus 数据库检索数据，也包括从数据库获得的在出版物中引用的相关文章。此外，互联网搜索可提供产品特点和营销信息的网站、主要烟草制造商的网站、烟草研究网站、博客和新闻文章。获得从 2002 年至今的信息，因为新的或改良烟草制品的背景文件 [4] 于 2002 年 11 月定稿，2003 年发行，因此跨越了约 11 年的时间。

此外，该领域的专家，包括监管者和烟草科学家，通过调查问卷进行咨询（见附录）。贡献者列在致谢中。对调查问卷确定的产品展开互联网搜索。

A1.4.2　选择标准

我们用以下的标准来定义"新兴"或"新型"烟草制品：

- 产品含有烟草（例如电子卷烟和草本卷烟不包括在内）
- 产品是由一个新的或非常规的技术制造，和 / 或作为"减害"产品销售。
- 产品类型上市不超过 12 年。
- 产品类型已上市很久，但在以前没有用过该类型产品的国家或地区市场份额增加。非常规烟草制品的新兴用途危害了全球烟草控制的努力。

但一些描述的产品已不能再获得，我们总结了那些产品的相关研究，以提高对烟草制品开发中当前和未来创新点的理解，并解释行业的任何健康声明。我们排除了那些仅仅是市场上已有的传统或普通卷烟、雪茄、烟斗、手卷烟或口用烟草的变型产品。

A1.4.3　数据提取和合成

搜索最初的关键词为"snus"，"水烟"，"可溶解烟草"，"低烟碱卷烟"，"减少（烟草制品或卷烟）"，"改良（烟草制品或卷烟）"，"烟草减害""新型（烟草或卷烟）"，随后按照"滚雪球"的方法。我们收集产品上的信息，其市场营销方法，包括健康宣称，如何使用和感知产品，其化学成分和毒性，其潜在致癌性，其抑制戒断症状的有效性（这可能会阻碍戒烟或完全替代）和针对该产品的管制。

A1.5　新上市和试销产品以及新兴用途产品

虽然本节中所描述的一些产品已经被制造商中止生产且不能再获得，但大量的研究已经完成，这对于理解烟草制品开发中当前和未来的创新点，以及和评估未来改良产品潜在的公众健康影响非常重要。不涉及新技术但开始在新市场应用的产品也包括在内，因为新类型的消费者扩大使用所引起的新挑战和新问题，必须通过严谨的科学研究来解决。

本报告中包括的大多数已发表论文源自欧洲和美国。此外，调查问卷的反馈也没能提供为地域上的全面概述提供足够的信息，因为一些受访者表示在他们的地区没有新兴的或新型烟草产品的信息。因此，按照产品类型提供信息而不是按地域趋势。

A1.5.1　口含烟

A1.5.1.1　可溶解烟草制品

产品描述和营销策略

2001 年美国市场上，以 Ariva 和 Stonewall 品牌引入了可溶解烟草制品（图 A1.1）。

他们的制造商 Star Scientific 在这些产品的营销和推广方面投资有限 [5]。2009 年，雷诺公司推出 Camel 可溶解烟草制品，2011年，菲利浦·莫里斯公司推出 Marlboro 和 Skoal 可溶解烟草（图 A1.1）。这些产品是由精细研磨的烟草制成，以丸、棒或条的形式出售。例如，Camel Orbs 是椭圆形小丸，Camel Sticks 是牙签状的可溶解烟草棒，Camel Strips 是类似口气清新片的褐色烟草条[6]。最初推出的可溶性的 Camel 产品有柔和的清新风味，但最新的版本进行了配方重组，仅有单一的薄荷风味[7]。与 Camel 可溶性系列的尺寸、形状和包装均类似的可溶性烟草制品，在 2010 年以 Revo 的品牌名称推向中国台湾市场[8]。菲利普·莫里斯公司生产的 Marlboro Sticks 和 Skoal Sticks 与 Camel Sticks 不同，它们包含一个牙签状的木棒，上面覆盖了一层精细研磨的烟草。图 A1.1 描述了这类产品的演变。

图 A1.1　可溶解烟草制品样品

在美国的几个州对 Camel 可溶解烟草制品进行了试销，包括在美国烟草使用率最高和成人吸烟率第二高的印第安纳州[9,10]。商店里关于可溶解烟草制品的广告中包括以下短语，如"可溶解烟草"，"免费试用"，"特价"和"什么是你的风格？"，而且产品的摆放邻近无烟烟草、卷烟或糖果[10]。像促销美国鼻烟的方法，有些可溶性产品广告强调其独特的功能（例如，使用后不需要吐掉或扔掉），其严谨的特性，以及在酒吧、飞机以及其他不允许吸烟的地方使用方便[5]。虽然这些产品零售广告的主要受众似乎是当前吸烟者，一些研究人员对它们的促销提出担忧，事实上它们可能被谨慎使用，其包装中许多提到"糖果类似物"，可能会吸引新的、以前没有使用过烟草的年轻使用者[5,10]。Romito 等[10] 在印第安纳州的研究表明，大多数商店出售 Camel 可溶解烟草制品时附送促销品，包括购买另一种 Camel 产品时提供免费试用品。作者也报道了各种大学校园举行的活动中有可溶性产品的推广、免费样品、优惠券和其他赠品。收到任何推广的参与者中，11% 尝试了该产品，而总样本中只有 3% 这样做了。

消费者意识、产品使用和认知

对 Ariva 的早期研究显示，其对吸烟者几乎没有吸引力，但是一些研究者认为产品会对其他群体有吸引力，例如新吸烟者、年轻人和妇女[5,11]。相关担忧已经指出这些产品"类似糖果"的外观和添加的香味可能会增加对少年儿童的吸引力[12]。来自美国佛罗里达州的数据分析认为，18~34 岁的吸烟者比年长的成年吸烟者更可能尝试可溶解烟[5]。在美国印第安纳州开展的对 Camel 可溶解烟草制品的兴趣和感知的另一个消费者认知研究表明，消费者的兴趣很低，但 40 岁以下的受访者比 40 岁以上的受访者更熟悉 Camel 可溶解烟（60%）（45%；$P < 0.01$）。至于鼻烟，男性、当前吸烟者和既往吸烟者表现出更多的兴趣，也更经常试用可溶解产品。吸烟者和非吸烟

者都认为广告的目标是吸烟者[10]。

成分、毒性和疾病风险

第一代可溶性产品,Ariva 和 Stonewall,包含所有美国市售烟草制品中最低水平的烟草特有亚硝胺(TSNA)———一组主要的烟草致癌物[13]。例如,Ariva 中 N'- 亚硝基降烟碱(NNN)含量为 19 ng/g,4 -(N- 甲基亚硝胺基)- 1 -(3- 吡啶基)- 1- 丁酮(NNK)为 37 ng/g,而传统的湿鼻烟 Kodiak Winntergreen 含有 2200 ng/g NNN 和 410 ng/g NNK。在一个关于 Ariva 和药用烟碱的研究中,转为使用 Ariva 的吸烟者摄入的 TSNA 和戒烟糖水平相当[14]。最近报道的 Ariva 和 Stonewall 产品中的 TSNA 水平稍微增高,但仍远低于传统的湿鼻烟[15,16]。率先出现在市场上可溶性 Camel 产品中的 TSNA 水平与 Ariva 和 Stonewall 相当,Camel Strips 含有的 TSNA 含量最低,其次是 Camel Orbs 和 Sticks[15]。然而,最新一代的可溶解 Camel 含有更高水平的 TSNA[17]。新的可溶解产品 Marlboro Sticks 和 Skoal Sticks 含有的 TSNA 水平与传统的美国湿鼻烟相当[16,17]。表 A1.1 总结了报道的可溶解烟草制品中烟碱和 TSNA 浓度。

表 A1.1　可溶解烟草制品中烟碱和 TSNA 的浓度

产品	烟碱 (mg/g)	游离态烟碱 (mg/g)	NNN (ng/g)	NNK (ng/g)	参考文献
Ariva	4.4~6.3	0.3~1.5	19~98	37~71	[13, 15, 16, 18]
Stonewall	6.8~8.7	0.7~1.6	56~133	43~73	[13, 15, 16, 18]
Camel Orbs	2.7~4.1	1.2~1.8	190~280	260~1060	[15, 16, 18]; Stepanov, 未发表数据
Camel Sticks	3.1~4.7	1.4~1.9	221~260	220~780	[15, 16]; Stepanov, 未发表数据
Camel Strips	2.2~4.1	1.1~2.0	150~340	194~780	[15, 16]; Stepanov, 未发表数据
Marlboro Sticks	5.9~7.1	2.7~3.5	1760~2070	472~800	[16]; Stepanov, 未发表数据
Skoal Sticks	4.5~5.9	0.8~1.1	1820~2420	485 ~ 790	[16]; Stepanov, 未发表数据

对 Camel 可溶解烟草制品广泛的化学物筛查显示它们主要含有烟草，混合有黏合剂、填料和香味剂[6,7]。在 2010 年推出的一代 Camel 可溶解产品的化学组成显示了风味的改变（薄荷味代替清新柔和香味）；因此，所有的新产品都含有薄荷醇但没有以前柔和香型可溶解产品中使用的肉桂醛或香豆素，且用苏糖醇代替了甘油。游离态烟碱（生物可利用形式）的含量在新一代的 Orbs 产品中统计学显著高于旧款型，但在棒状或条状产品中没有发现显著的变化。更多的全面筛查显示，目前可溶性 Camel Orbs 中有 163 种化学物质存在，表明其化学成分的复杂性[16]。

基于提到的可溶解烟草制品和"糖果"（甜品）的相似性，有人担心孩子会不小心吞下这些产品。Connolly 等[12] 对儿童中因为摄入烟草制品中毒的数据进行分析，发现 2006~2008 年间摄入无烟烟草的案例递增，3 岁儿童吞下 Orbs 的有一例，2 岁儿童由于摄入鼻烟造成轻度中毒的有两例。

潜在致瘾性：对替代吸烟及戒烟的有效性

根据促销资料，Camel Orbs 每丸含有 1 mg 烟碱，Camel Sticks 每棒含有 3.1 mg 烟碱，Camel Strips 每条含有 0.6 mg 烟碱。Connolly 等[12] 分析了美国三个市销市场上的 Camel Orbs（清新柔和风味），发现平均每丸含有 0.83 mg 烟碱。平均 pH 为 7.9，导致其生物可利用的游离或非质子化形式的烟碱平均占 42%。另一项 Camel 可溶解产品分析研究[6] 表明柔和风味的 Orbs 中烟碱含量为 0.82 mg，清新风味的 Orbs 中为 0.77 mg，棒状产品中为 0.91 mg，条状产品中为 0.21 mg；这些产品的 pH 范围为 7.50~8.02。这些产品与传统的无烟烟草制品相比，总的游离态烟碱含量更低，这很可能决定其在现有的或新的烟草使用者中的接受度。烟碱含量低的产品可能有较低的潜在致瘾性，也因此更容易被刚开始吸烟的年轻人接受，但它们可能被正在寻求好的吸烟替代品的吸烟者拒绝。烟碱含量较高的无烟产品可能导致滥用和持续成瘾，但相比那些烟碱更少的产品，能更有效地满足吸烟者和更完全的替代卷烟[19,20]。可溶性的产品可以提供逐步增加生物可利用游离态烟碱水平，所以不同的配方可能会吸引不同的潜在消费者（图 A1.2）。

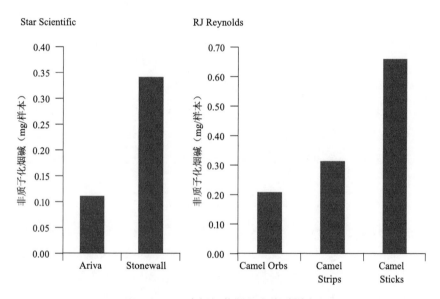

图 A1.2　可溶解烟草制品中烟碱梯度

　　各种无烟烟草制品中有意保持一定的游离态烟碱水平，以给新使用者提供低烟碱产品，同时具有渐进的更高剂量烟碱水平的产品可以维持现有消费者的成瘾（分级策略）[21]。了解新的可溶解产品中不同游离态烟碱水平是怎样影响消费者的使用非常重要。

　　通过研究人们由吸烟转向消费可溶解烟草制品的行为，一些可溶性产品对戒烟及烟草渴求的生理及心理影响可能与那些医用烟碱产品类似[14]。然而，当吸烟者不能吸烟时，这些产品可能提供了一种临时降低吸烟者对烟碱渴望度的方式，从而使他（她）们推迟戒烟进程，而不是彻底戒烟[5]。

美国食品药品管理局（FDA）烟草制品科学咨询委员会对可溶解烟草制品的报告

在 2012 年 3 月，该委员会总结了所发表的关于可溶解烟草制品的资料、意见和描述等，并向 FDA 提交了一份报告，该报告是关于"消费可溶解烟草制品（包括在儿童中的消费行为）的性质及其对公众健康的影响"[22]。该委员会总结到：①该产品的多种化学成分含量都不同，包括烟碱和 TSNA；②可溶解烟草制品滥用的可能性可能比传统美国卷烟及大多数传统无烟烟草制品低；③消费可溶解烟草制品可能降低卷烟的消费量，但对于大多数老烟民来说，这种产品还不能完全替代卷烟；④尽管可溶解烟草制品比传统卷烟的危害性小，但还没有足够的流行病学数据能表明这些产品对现有消费人群的影响；⑤关于消费者对这些产品的认知及反应的研究还很有限，但是，一般说来，消费者对现有产品的反应是消极的；⑥很少有由于吞咽这些产品而导致严重后果的报告。

A1.5.1.2　新型鼻烟产品

斯堪的纳维亚地区的传统鼻烟是一种通常经过湿法灭菌并加以仔细研磨的湿鼻烟，这种鼻烟与其他传统的湿鼻烟相比，致癌性的 TSNA 含量较低。鼻烟被放在脸颊及牙龈之间，口腔所产生的液体会吞下而不是吐出。在这一节中，我们集中讨论在美国生产及销售的新型鼻烟产品。

产品描述和营销策略

2006 年，美国的两家领先的卷烟生产商，雷诺公司和菲利浦·莫里斯公司，开始推出新型无烟气烟草产品，也叫"鼻烟"（图 A1.3）。

图 A1.3　美国制造鼻烟示例

美国鼻烟也是由巴氏灭菌的烟草制造的，但和传统的美国嚼烟、"dip"及鼻烟不同，这种烟不需要吐出，包装在小的类似于茶叶袋的袋子中，放在上嘴唇下，其消费方式具有相对隐蔽性[23]。美国鼻烟与传统无烟烟草制品的不同是产品营销的一部分[24,25]。美国鼻烟在营销过程中强调与瑞典鼻烟的渊源，但是美国鼻烟产品却是以人们熟知的卷烟品牌"骆驼"和"万宝路"延伸品牌的形式来进行推广。随着室内空气清洁法令实施力度的进一步增强，生产商宣称，"在不能吸烟的地方"，如公共场合、酒吧、办公室和机场，鼻烟是一种可以用来谨慎消费的产品[24]。因此，尽管很多鼻烟广告想将鼻烟作为一种可替代卷烟的产品[25]，人们仍担心鼻烟会主要以吸烟的补充产品而不是替代产品来推广[24]。通过对骆驼鼻烟的广告调查发现[26]，从 2007 年到 2009 年，该产品主要向吸烟人群推广，但是，在

2009 年 10 月，当新的"Break free"广告在杂志上出现时，表示该产品营销策略的转变。作者认为，新的广告传达了一种模棱两可的信息，会吸引更大范围的消费者，包括潜在的年轻消费人群。在美国纽约开展的一项小规模居民区及学校的有限调查表明，学校周围大约 20% 的可能销售卷烟的商家销售鼻烟[27]。

由于美国限制传统卷烟广告，烟草公司会通过直接邮寄、电子邮件及其他途径，以及在酒吧和俱乐部中提供免费样品及杂志广告等方式来向消费者推广鼻烟[23,24,28,29]。万宝路及骆驼牌鼻烟曾通过直接邮寄的方式来推广其产品，包括优惠券和免费产品包裹等[24]。营销措施还包括新的网页，如骆驼牌鼻烟网站（www.camelsnus.com）[28]。在产品市场测试时期，消费者在骆驼牌鼻烟网站留言板上的留言还会影响到雷诺公司对产品的设计决定，如他们就通过这种途径抛弃了香料口味，并重新设计了包装大小[25]，这说明，骆驼牌鼻烟仅用数年的时间就位列美国无烟烟草制品品牌榜十强之一，这种强势的营销手段功不可没。

具有流行卷烟品牌名称的鼻烟产品，如"Lucky Strike"和"Peter Stuyvesant"，也在加拿大、日本和南非得到推广[24]。

消费者意识、产品使用及认知

Biener 等[30] 报道，在 2010 年，在作为试点的市场上，有 10% 的吸烟者尝试过鼻烟，而这个比例在年轻人中高达 29%。相比较而言，白人、教育程度较低的人以及不想立刻戒烟的人群分别比少数人种、教育程度较高的人以及想在接下来的 30 天内戒烟的人更经常使用这些产品。在一项包括美国得克萨斯州 8472 名年龄在 11~18 岁的学生的鼻烟消费情况调查中，也发现了类似的结果：7.1% 的调查人群标识曾经尝试过鼻烟，其中 77% 是男性，68% 是在校生，46% 是白人[31]。

鼻烟在全国范围内开始流行后，一项包括 2607 名年龄在 20~28 岁的年轻人的关于鼻烟认知、消费及看法的研究中，64.8% 的受访者知道鼻烟，14.5% 曾经使用过，3.2% 在过去的 30 天曾经使用过；所有的三项调查结果都和男性有关，并在一生中抽吸过大于 100 支卷烟（$P < 0.05$）[29]。在一项对骆驼牌鼻烟网站信息板的调查中发现，在人们决定选择这种产品的过程中，广告起着很重要的作用；许多参与者表示，他们收到一个免费的产品后，就会尝试这种产品 [28]。

大多数受访的吸烟者表示，使用无烟烟草制品，如骆驼牌鼻烟和万宝路牌鼻烟，是一种权宜之计，而不是想作为吸烟的完全替代品；而且，使用鼻烟会增强吸烟者对吸烟的偏爱 [24]。受访者认为，鼻烟最大的好处是可以在无烟环境中使用，并可避免产生二手烟气的愧疚感。受访者怀疑鼻烟比卷烟更安全的观点，且并不认为鼻烟是一种卷烟的可接受的替代品，或是一种戒烟手段。然而，在其他研究中，那些在酒吧或俱乐部的受到鼻烟广告影响的消费者，更可能相信鼻烟比卷烟的危害性低 [29,31]。

美国市场使鼻烟的总市场占有率从 2007 年的 0.1% 升高到 2011 年的 3.7%[25]。2011 年，骆驼、万宝路和 Skoal 三大品牌占据的市场份额达到 99.7%（骆驼牌是 63.3%，万宝路牌是 24.2%，Skoal 牌为 12.3%）。2011 年，绝大多数（86.7%）市售鼻烟是绿薄荷或薄荷口味的。骆驼牌鼻烟的习惯消费人群表示会同时使用其他类型的烟草产品，并会平均每天消费 3.3±1.9 包的鼻烟。一些消费者表示会同时使用两包或更多的鼻烟 [32]。

成分、毒性和疾病风险

雷诺公司的研究人员报道了骆驼牌鼻烟中的 TSNA、烟碱、苯并 [a] 芘 [稠环芳烃 (PAH) 的代表性致癌物] 及部分金属元素含量水平[32]。2010 年，在一项第三方研究中，Stepanov 等（2012a）分析了多种新型产品中的 TSNA 和烟碱含量，包括骆驼牌及万宝路牌鼻烟，这些产品从美国多个地区购买。骆驼牌鼻烟的 TSNA 含量水平比万宝路牌高很多，但是两种品牌中游离态烟碱含量随地域而显著不同。在 2006~2010 年之间,作者实验室对骆驼牌及万宝路牌鼻烟的总烟碱、游离态烟碱及总 NNN 和 NNK 含量进行了测定，结果发现，2010 年大的骆驼牌包装的上述成分含量比原有的于 2006 年进入市场中的小包装产品的含量高很多，这是由于包装大小造成的。后来的万宝路牌鼻烟中总烟碱及游离态烟碱含量也高，但是现有包装中的总 NNN 和 NNK 含量要比原有包装低[33]。表 A1.2 总结了美国制造鼻烟的烟碱和 TSNA 含量。

表 A1.2　美国制造鼻烟的烟碱和烟草特有亚硝胺含量

产品	烟碱（mg/g）	游离态烟碱（mg/g）	NNN（ng/g）	NNK（ng/g）	参考文献
Taboka	14.0~18.3	0.7~1.1	822~933	67~84	[18, 34]
万宝路鼻烟	11.5~19.7	0.3~1.0	330~2950	100~233	[15, 34]; Stepanov, 未发表
骆驼鼻烟	8.7~13.9	1.6~6.1	369~1320	84~480	[15,18, 34]; Stepanov, 未发表
Skoal Dry	10.1~11.4	0.6~1.6	929~4750	80~323	[18, 34]
Skoal 鼻烟	17.2~19.0	0.6~1.0	1410~1710	246~378	Stepanov, 未发表

在一项对一组成年老鼻烟消费者的研究中，研究人员对多种骆驼牌鼻烟的多种成分口腔暴露量进行了测定[32]。一般来讲，鼻烟包装中原有 60%~90% 的烟碱，TSNA 和苯并 [a] 芘在消费后依然在包装中存在。烟碱的平均口腔暴露量为 9.4 mg/d，TSNA 为 527.7 ng/d，苯并 [a] 芘为 0.68 ng/d。相比而言，瑞典的英美烟草公司研究人员报道，老鼻烟消费者对瑞典鼻烟中烟碱及 TSNA 的吸收量只有

33%~38%[35]。然而，Caraway 和 Chen[32] 对骆驼牌鼻烟的研究结果与 Digard 等对"Lucky Strike"鼻烟的研究结果不同，前者的水分含量较低，包装袋较小，而且还存在其他成分及生产方式的不同。

当吸烟者转而消费鼻烟时，人们研究了其潜在暴露量的改变，并比较了三种产品的不同，包括 Taboka（一种美国的类似鼻烟的早期产品）、骆驼牌鼻烟以及医用烟碱等。在每组受试者人群中，在对这些产品使用 4 周后，其呼出二氧化碳含量、尿液可替宁含量、NNAL（一种烟草特有致癌物 NNK 的暴露生物标志物）以及尿液总 NNN 含量都会降低。使用医用烟碱的总 NNAL 降低量要比骆驼牌鼻烟的降低量高 [20]。一项研究报道了吸烟者消费鼻烟后结果，这项研究包括三组研究对象，一组为吸烟者除鼻烟还有其他替代品，一组是吸烟者完全使用鼻烟，一组是对照组，该组中的吸烟者会继续吸烟或不再使用任何烟草产品 [36]。在受试者使用鼻烟之前以及使用鼻烟或戒烟后的多个时间段里，研究人员对其 TSNA、烟碱（尿液或血液中）、芳香胺、苯和 PAH 的代谢物、尿液致突变性及碳氧血红蛋白的含量进行了测定。结果发现，与继续吸烟人群相比，那些完全戒烟或有部分替代品的人群的总尿液生物标志物含量有明显降低。

流行病学研究表明，相对于传统卷烟消费者，那些只使用低 TSNA 含量瑞典鼻烟的人群的患癌风险要低 [37-39]。相对于那些从来不使用烟草的人来说，鼻烟消费人群的胰腺癌发病率较高，但是其口腔癌发病率较低或基本持平 [38,39]。对于斯堪的纳维亚地区鼻烟消费人群，其由鼻烟而引起的黏膜白斑病很普遍，但是还不清楚这是否会发展成癌症 [40]。无烟烟草制品的消费人群发生心肌梗死后的死亡率会升高，但不会增加心肌梗死的发生率。至于女人怀孕期间使用无烟烟草制品对生殖系统的影响，由于相关数据太少，还无法得出最终结论。还不清楚使用美国制造的鼻烟后对健康的影响；但是，个体只使用鼻烟的后果与瑞典鼻烟的影响可能是类似的。

潜在致癌性：替代吸烟或戒烟的有效性

在一项研究中，吸烟者被要求停止吸烟，并选择"General"鼻烟（一种瑞典产品）、骆驼牌鼻烟、万宝路牌鼻烟、Stonewall 或 Ariva 等产品，并继续使用 2 周，结果发现，与其他产品相比，骆驼牌鼻烟更能减轻吸烟渴望，满足感更强，吸烟量减少量大，戒烟时间更长[19]。可溶解烟草制品"Ariva"和万宝路鼻烟在促进戒烟、减少吸烟量及降低吸烟频率等方面的效果最弱。这些差异可能是由这些产品中烟碱含量的差异所造成的：单包骆驼牌鼻烟的游离态烟碱含量为 1.74~1.97 mg，Ariva 为 0.24~0.25 mg，万宝路鼻烟为 0.14~0.38 mg。在一项代谢组学研究中，人体对烟碱的摄入量与产品烟碱含量有关：使用骆驼牌鼻烟比 Ariva 和万宝路鼻烟的血液烟碱含量高（分别为 7.7 ng/mL，3.4 ng/mL 和 2.9 ng/mL）[41]。在抽烟渴望度及意向的研究中，骆驼牌鼻烟的相关指标明显降低，但是，对于烟碱含量较低的 Ariva 及万宝路鼻烟，这些指标变化不明显。在医用口腔烟碱替代疗法与骆驼牌鼻烟及 Tobaka 的对比实验中，相比烟碱含量较低的 Taboka，骆驼牌鼻烟更能降低卷烟抽吸量，产品消费量高，戒烟率高[20]。

鼻烟中烟碱含量对人们对鼻烟主观反应的影响还不清楚。在一项对不同口用烟草的代谢动力学研究中，产品烟碱含量越高，对人们吸烟渴望度的减轻效果越好[42]，但是，其他包括 5 天产品使用过程的研究表明，Ariva 和骆驼牌鼻烟对吸烟渴望度及戒烟的影响差异不大[43]。一项类似的研究表明，在吸烟者随机选择使用 Taboka、骆驼牌鼻烟及医用烟碱时，其对吸烟渴望度与戒烟的影响差异不大 [20]。总之，在降低戒烟不适症状方面，与医用烟碱相比，鼻烟产品也不具有优势 [19,20]。

A1.5.1.3　欧盟市场上模仿 snus 的口含烟

根据欧盟烟草指令 2001/37/EC 第 8 条，在欧盟地区，除瑞典外，禁止销售除嚼烟之外的口含烟 [44]。

"口含烟"是指除了通过抽吸或咀嚼外所有通过口腔使用的产品，这些产品全部或部分由烟草制成，为粉末或颗粒状，或这些形态的任何组合，特别是那些袋装或多孔袋装，或模仿食品的形态。

在我们的问卷调查中，奥地利、捷克共和国、德国和瑞士都报告有产品模仿嚼烟和 snus。例如，一种丹麦 V2 烟草公司生产的经强烈调味的 "Thunder" 嚼烟 (http://www.v2tobacco.com/)（图 A1.4A），含有 41% 的烟草和 59% 的 "填充剂"；这种产品的烟草含量相对较低。同一家公司还生产 "Thunder" 嚼烟包（图 A1.4B），这种产品含有小包装的切丝烟，并经过荷兰薄荷进行强烈调味。

另外一种这类产品是瑞士和英国的 "MaklaAfricaine"（如 http://www.sifaco.be/Engl/Site_engl.htm 和 http://www.makla-ifrikia.com/shop/kautabak-makla-ifrikia-kautabakshop.html）。

在一个鼻烟消费者论坛中（(http://www.snuson.com/forum/archive/index.php/t-16456.html，2013-10-05），"Thunder" 嚼烟被认为不适合咀嚼，但是，"欧盟嚼烟不同于美国嚼烟，在技术上归类为嚼烟的 makla，如果它不是用来咀嚼的，欧盟就会将其禁止"。

A 嚼烟

B 嚼烟袋

图 A1.4　模仿 snus 的产品示例

由于一些产品在模仿 snus，就必须在管制政策上对其进行评估。在德国，官方在评估这些产品是否在烟草法令的管制范围之内（2001/37/EC 法令第 8 条）。瑞士认为，该产品不是典型的嚼烟，但类似于 snus，尽管这种产品不符合 snus 的定义，因为它是膏状而不是粉末状的。在芬兰，官方在评估一种类似的产品是否应被看作 snus 或嚼烟。

A1.5.2 改良或替代型抽吸产品

在本节，我们将对卷烟及类似卷烟的产品及装置进行综述，这些产品或是刚引入到市场，或是已经在一些本没有这些产品的地区中占据了较大的市场份额。本节还将介绍通过卷烟设计来降低烟气有害物质暴露量及低烟碱释放量卷烟的研究。本节还将简要介绍不同尺寸卷烟（超细卷烟）、草本卷烟和其他产品。

A1.5.2.1 潜在降低暴露量卷烟

产品描述和营销策略

烟草公司一直在尝试开发能够使有害物质暴露量比传统卷烟低的卷烟，以降低与吸烟相关的吸烟和非吸烟人群的健康风险 [3,45]。主要有三种方式来制造这类卷烟。

加热非燃烧产品。实例有雷诺公司生产的 Eclipse 卷烟和菲利浦·莫里斯公司开发的 Accord 卷烟。Eclipse 含有滤嘴、烟草（双堵头）以及通过顶端的绝缘玻璃丝包裹在铝箔纸中的碳基加热模块，这种产品加热而不是燃烧烟草 [46]。一旦被加热，碳模块就会通过包装芯传递热量，并首先达到富含甘油的再造烟叶，进而到达烟草；因此，烟气会富含甘油和水分[47]。Eclipse 宣称可潜在"降低吸烟相关的癌症风险，并降低肺部疾病风险"[48]。其他广告宣称 Eclipse "可能危害性较低"，"可能患癌的风险低"，"降低致癌物释放量水平"，"相对降低呼吸系统炎症"，而且对被动吸烟者的影响较低，因为该产品释放的是蒸汽而不是烟气。Acoord 包括一个过滤插件、一个空管及填有压缩烟草的部件；该管子被插到手持式加热管中，然后通过加热而不是燃烧的方式来加热烟草[46]。Accord 被作为一种可降低二手烟释放量的产品而推向市场，并可能降低烟气的致突变性和细胞毒性[48]。尽管 Accord 已退出市场，但 Eclipse 依旧出现在美国市场上。

一个最近的加热而不是燃烧烟草的卷烟类型是"Ploom modelTwo"（图 A1.5），这种产品是电子烟和传统卷烟的结合体，这种产品加热烟草，而不是电子烟产品的丙二醇[49]（http://www.ploom.com/modeltwo）。

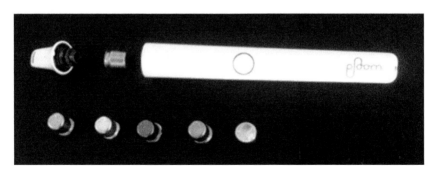

图 A1.5 Ploom

Ploom 公司的座右铭是"是时候重新看待烟草了"，其最流行的产品"Ploom modelTwo"的广告语是"一种享受烟草的全新方式"。

这是一种手持式装置，可加热具有多种不同风味的烟草，并吸入温热的烟草蒸汽。根据产品描述，"Ploom modelTwo"在 20~30 秒内完成加热，而且每一种烟草模块可抽吸 5~10 分钟，而不是一直不停抽吸很长时间。这种蒸汽和传统卷烟烟气类似，所以消费者比较喜欢："蒸汽很棒，浑厚而柔和，几乎和真的烟气一样……"[49]。该种产品的一种缺点是加热模块距离口腔较近，也很热[49]。

改变烟草加工过程。布朗和威廉姆森烟草公司和 Vector 烟草公司分别推出的"Advance™"和"Omni"卷烟，就是这一类型，但都已经退出市场。Advance™宣称"拥有所有口味……有害成分释放量低"，而且，根据生产商的声明，这种产品使用的烟草经过特殊的加工过程，该过程"能够显著降低烟草特有亚硝胺的形成"[50,51]。Omni 使用的烟草经过钯处理，能提高烟草燃烧效率，进而能够降低烟气中由于烟草不完全燃烧而造成的有害物质和致癌物质释放量[52]。Omni 宣称能够显著降低烟气中的 PAH、TSNA 和邻苯二酚释放量，这些化合物"是卷烟烟气中和肺癌发生率相关的毒性最强、最危险的化合物之一"[51]。

改变滤嘴结构。例如，万宝路的"UltraSmooth"在 2005 年进入美国测试市场，其滤嘴中含有活性炭。尽管活性炭已经在美国卷烟中得到应用，但是该产品的创新点在于它比其他品牌含有更多的活性炭[53]，这可能会增强降低烟气有害成分释放量的能力。该产品也退出了市场。

消费者意识、产品使用和认知

在吸烟者和戒烟者对 Eclipse 卷烟的反应研究中，大多数吸烟者认为它们比常规、低焦油和低烟碱卷烟对吸烟者和他们周围人的健康更安全，或其至是"完全"安全[45,54,55]。在一项研究中，很多吸烟者认为 Eclipse 是戒烟的一步[45]。另一组显示 Eclipse 对正在考虑戒烟的吸烟者有吸引力，但其声称降低风险，会减少他们戒烟的意愿[54]。因此，这样的声明可能会破坏成人戒烟和对年轻人使用的预防，即使产品的毒性较低，也可能增加伤害。在英国的同一组研究中也有类似的结果，表明这种产品对声称戒烟的吸烟者和戒烟者复吸的作用必须作为世界范围一个公众健康紧急事件进行评估[55]。尽管吸烟者认为 Eclipse 卷烟"是更安全的"，但他们认为 Eclipse 与比自己的卷烟品牌满意度和奖赏作用更低[56]。

成分、毒性和疾病风险

根据行业调查，如 Accord 等电加热卷烟抽吸系统较低的裂解温度会导致 44 种主流烟气成分测定量比标准参考卷烟的浓度显著降低（25%~90%）（MSS），包括烟碱和一氧化碳（CO）[46,57]。在使用联邦贸易委员会方法测定时，Accord 产生 0.1 mg 烟碱和 2 mg 焦油，Eclipse 产生 0.2 mg 烟碱和 4.0 mg 焦油[46]；然而，因为设计不同，且人的吸烟行为与传统卷烟可能存在差异，要求对这类产品传输的化学物质和有害成分剂量测定必须进行仔细评估。例如，尽管吸烟机测定的 Eclipse 中烟碱释放量减少了，吸烟者血液中的烟碱水平与那些抽吸传统卷烟的类似[58]。然而，基于尿液中生物标志物的暴露评价表明，转换到 Eclipse 降低了对烟碱和 NNK 的暴露[59]。

由制造商雷诺公司报道的早期研究表明，与普通卷烟相比，在小鼠皮肤中的应用研究中，Eclipse 主流烟气冷凝物的遗传毒性更低[47]，在大鼠鼻腔吸入模型引起的炎症和肺毒性更小[60]；他们也报道称转换到 Eclipse 降低了吸烟者尿液的致突变性[61]。在转换到 Eclipse 吸烟者急性效应的一个独立研究中，吸烟者对 CO 的暴露比普通卷烟大约增加 30%[46]。其他的研究表明，抽吸 Eclipse 烟比传统卷烟吸烟者的抽吸容量更大且频率更高，已确认呼出 CO 增加 [56,59,62]。Eclipse 的长期使用者比那些使用此口腔吸入器的人呼出的 CO 高 45% 以上 [63,64]。Rennard 等 [65] 调查了重度吸烟者从普通卷烟转到 Eclipse 2 个月后，上下呼吸道炎症减轻和显著减少，虽然该改善还没有达到非吸烟者的状态。在对当前吸烟者肺上皮细胞通透性、气道炎症和血白细胞激活的影响研究中，转换到 Eclipse 会降低一些吸烟者肺泡上皮损伤，但是可能增加碳氧血红蛋白水平和氧化应激 [66]。在同一研究中，Accord 比普通卷烟降低对 CO 的暴露，尽管吸烟者使用 Accord 时，抽吸容量更大，时间更长 [46]。

抽吸 Advance™ 卷烟产生更低的 CO "呼出"，但像普通卷烟一样增加心率 [67]。从他们平时的常规卷烟品牌转换到 Omni 卷烟 4 周后，观察到烟草有害物质的摄入量适度的降低；总的 NNAL 水平统计学显著降低，但并不包括 1- 羟基芘（PAH 的生物标志物）。使用烟碱贴片的吸烟者中总 NNAL 的整体平均水平显著低于用 Omni 卷烟的吸烟者 [68]。小鼠胚胎干细胞试验显示 Advance™ 烟和传统品牌卷烟（万宝路红）烟气的毒性相当 [69]。Omni 和 Advance™ 卷烟对仓鼠输卵管功能影响的研究发现，这些卷烟中含有足够量的可抑制生物学过程的输卵管毒物，很可能会影响生殖结果 [70]。

类似"低焦油"卷烟，Marlboro UltraSmooth 表现出会引起补偿性抽吸，尽管它比普通卷烟产生更低的 CO "呼出"。吸万宝路卷烟后唾液中可替宁和心脏功能测定与传统的品牌类似，这表明转换到该品牌不太可能减少对烟气成分的暴露 [53]。

对替代吸烟或戒烟的有效性

一项整夜停止抽吸普通卷烟，然后开始抽吸 Eclipse 或 Accord 的研究中，Eclipse 可完全抑制脱瘾症状，而 Accord 效果较差 [46]。对

Eclipse 长期效果的研究表明，它可以减少卷烟消费而不引起脱瘾症状，降低烟碱释放量或减少整体戒烟的动力[63,64]。Advance™ 产生对脱瘾症状的抑制，且血浆中烟碱浓度更高，和普通卷烟产品类似[67]。

A1.5.2.2　在一些国家作为"减害"产品推广的"低焦油"卷烟

产品描述和营销策略

目前被禁止的所谓"淡味"的卷烟，包括通过利用空气稀释烟气来降低吸烟机测定焦油和烟碱释放量的几种要素（例如滤嘴通风和纸张孔隙率）。但是，由于吸烟者在烟气烟碱释放量降低时会增加抽吸强度，这些卷烟没有减少吸烟者对烟草致癌物的暴露，也没有降低吸烟相关疾病的风险[71-73]。然而，此类型的卷烟正在中国积极推进。例如，国家烟草专卖局和中国烟草总公司 2000 年之后的年度报告提出了"积极推进减害、降焦"的提案[74]*。

消费者意识、产品使用和认知

自从中国烟草行业推出"减害降焦"战略，据报道 2000~2009 年间全部烟草产量增加了近 40%，主要是由于低焦油卷烟的生产和销售。在 2011 年的前 10 个月，在中国低焦油卷烟的产量比 2010 年增加了 408%，而销量增长了 386%[74]。

成分、毒性和疾病风险

低焦油和低烟碱释放量卷烟的设计是为了在吸烟机的测试时产生比普通卷烟更低的烟气成分水平。已得到广泛认可的是，吸烟者和卷烟的相互作用主要是受到吸烟者对烟碱的追求驱使的，因此比任何基于机器的方案更复杂[75-77]。为了控制烟碱摄入量，吸烟者调

＊年度报告原文为"减害、降焦"，该原文的英文译文为"Reducing Harmful Components and Tar in Cigarette Smoke."——译注

整抽吸容量、持续时间、抽吸频率和吸入深度，这影响他们对卷烟烟气中其他成分的暴露。吸烟者通过封堵滤嘴通风孔减少了空气对卷烟烟气的稀释，控制他们的烟碱摄入量[78]。因此，抽吸低焦油卷烟不能减少吸烟者对烟草致癌物的暴露量，不能降低吸烟引起的疾病风险[71-73]。

潜在致瘾性

吸烟者可调整他们的吸烟强度，例如当吸低焦油卷烟时，吸入更大体积的烟气且吸入更深。因此，由于"低焦油、低烟碱"卷烟向用户提供常规烟碱剂量，其致瘾潜力和普通卷烟类似。

管制方面的考虑

在许多国家已经禁止这些卷烟的误导性标识，如"淡味"。中国烟草专卖法 5 条规定，"国家应加强对烟草专卖品的科学研究和技术开发，从而提高烟草制品的质量，降低产品中焦油和其他有害成分的释放量。"鉴于该要求，在 2003 年发布的中国卷烟科学技术发展纲要中，要求制造商截止到 2010 年将卷烟中的焦油水平降低到平均12 mg。2010 年国家烟草专卖局年度会议报告指出，中国实施"减害降焦"的战略是提高竞争力的整体方法[74]*。

A1.5.2.3　低烟碱卷烟

产品描述和营销策略

和通过卷烟或滤嘴结构改变实现烟气烟碱释放量改变的"低释放量"卷烟不同，低烟碱卷烟是使用比传统烟草烟碱含量更低的烟草制造的。例如，一个名为 Quest 低烟碱卷烟，2003 年引入到美国

＊该处文献介绍了 2010 年国家烟草专卖局年度会议报告，内容为"以提高中国烟草整体竞争力为目标，……，积极实施减害、降焦战略。"——译注

市场，有三个品种——低烟碱、超低烟碱和自由烟碱。它们含有转基因修饰的低烟碱烟草，与正常烟叶混合后的烟碱水平为 0.6~0.05mg/支卷烟 [79]，为吸烟者提供逐渐减少烟碱摄入量的机会。此类卷烟中其他成分的释放量预计与普通市售卷烟类似；因此，从对暴露于有害物质和致癌观点来看，这些卷烟应该不被视为"减害"产品。然而，内部的行业文件的分析揭示了烟草行业投入了大量资源发展低烟碱卷烟 [80] 的原因是其对消费者的吸引力和其在争夺"更健康"产品的高度竞争卷烟市场中的经济重要性。吸烟者对 Quest 广告反应的研究显示了一些关于此类卷烟的虚假信念，如"低焦油"、"更健康"和"不太可能导致癌症" [81]。

Dutch Magic，一个几乎无烟碱但焦油"正常"水平的卷烟品牌（＜ 0.04 mg），有望进入荷兰市场（http:／／www.dutch-magic.com／）。根据制造商网站，该产品允许烟民体验抽吸烟草特征味道的卷烟但没有烟碱成瘾性的影响。该网站还引用了特定目标消费群体：想在援助下戒烟的人群、偶尔吸烟者、想尝试吸烟但不想上瘾的人，以及不吸烟或其他目前使用的含烟碱的烟草作为过渡但也不想上瘾的大麻使用者。Dutch Magic 在 22 世纪公司旗下，根据其公司网站，致力于开发和商业化消费者可接受的降低烟草产品风险和基于处方的由一套非常低烟碱卷烟组成的戒烟援助（http：//www.xxiicentury. com/）。该公司试图供应几乎任何烟碱释放量水平的卷烟，从非常低（约 0.50 mg/ 支卷烟）至高（约 30 mg/ 支卷烟）。

消费者反应

在转换使用市售低烟碱 Quest 卷烟的研究中，受试者报道测试卷烟与他们使用的正常品牌相比，满足感不足且质量较差 [82-84]。

成分、毒性和疾病风险

制造商报告 Quest 卷烟中烟碱水平范围在 0.05~0.6 mg/ 支卷烟，焦油释放量为 10 mg/ 支卷烟 [85]。Chen 等 [86] 基本证实了这些数据，但有趣的是，他们发现无烟碱 Quest 烟气中 NNN 水平高于低烟碱 Quest。对烟草填料的分析发现不同烟碱水平 Quest 产品之间 NNN 水平无显著差异 [13]。一种可能性是，无烟碱卷烟中降烟碱水平更高，导致在燃烧过程中形成更多的 NNN。然而，将普通卷烟与菲利浦·莫里斯公司提供的科研用非商业性低烟碱卷烟比较，除了烟碱外的其他成分水平没有显著差异 [82~84]。

几项研究涉及了转换抽吸低烟碱卷烟吸烟者的卷烟烟气成分暴露。在一个 20 名吸烟者的小规模研究中，在超过 10 周的周期内，通过改变所抽吸卷烟的类型逐渐减少烟碱水平，CO 和 PAH 的暴露生物标志物和心血管终点指标不受影响，而排出尿中 NNAL 下降 [83]。由同一作者的类似研究中使用了 135 名吸烟者和在超过 6 个月的周期内逐渐减少烟碱 [84]，使用低烟碱卷烟的随机吸烟者的结果与第一次实验类似。在 Hatsukami 等（2010）的一项研究中，转换使用 0.05 mg 烟碱 Quest 卷烟达 6 周，可减少致癌物暴露的程度比转换使用 0.3 mg 烟碱卷烟更大。因为抽吸 0.3 mg 烟碱卷烟有补偿性行为，而含有 0.05 mg 烟碱的卷烟未观察到该情况。尿液中总 NNAL 和 NNN 水平的降低和 Quest 卷烟与普通卷烟相比下 TSNA 水平的降低是一致的 [13]。0.05 mg 卷烟吸烟者也显示减少暴露于丙烯醛和苯，作者将其归因于卷烟摄入量的减少；在研究结束时，0.05 mg 组大多数生物标志物水平与戒烟糖组没有明显差异。Hatsukami 等 [87] 证实了转换至低烟碱卷烟的吸烟者烟碱和 NNK 摄入量显著减少。

Benowitz 等 [82] 测量抽吸含有不同烟碱单支卷烟吸烟者的心率和

皮肤温度（心血管收缩的测量），发现在大约每根卷烟中含 8 mg 烟碱时，心率增加和皮肤温度降低达到平台，这表明了一个节点水平，当烟碱水平更高时，对心血管风险的影响没有明显的变化。然而，Girdhar 等[88]表明吸无烟碱 Quest 3 卷烟比含有烟碱的 Quest 1 导致更高的血小板活化（心血管风险标志物）。他们提出烟碱通过非烟碱烟气成分调节血小板活化。在小鼠胚胎干细胞和正常人支气管上皮细胞中，Quest 卷烟和常规卷烟毒性一样[69,86,89]。在动脉粥样硬化的动物模型中，暴露于 Quest 3 卷烟的小鼠比 Quest1 卷烟或普通卷烟烟气[85]发展成较小规模的病变。

潜在致瘾性：对吸烟替代或戒烟的有效性

已经提出将降低卷烟中烟碱释放量作为降低其致瘾性的方法[90]（也见附录2）。抽吸利用烟气稀释低烟碱释放量的市售卷烟时，众所周知会引起补偿抽吸行为，在抽吸降低烟碱释放量的卷烟时情况可能不同，或这样的行为可能不是有效的。Benowitz 等[82]研究了人们抽吸低烟碱烟草制备卷烟时，烟碱的摄入量、补偿程度和不同烟碱效果的剂量-效应关系。每支卷烟 1mg、2mg、4mg、8mg 和 12mg 水平显示与系统烟碱暴露相关。低烟碱卷烟（1mg、2mg 和 4mg）时几乎没有补偿抽吸，与通常品牌相比变化范围从 0% 到 5%；这点通过一氧化碳和焦油的暴露水平得到确认。然而，在更高的烟碱水平下，8mg 烟碱相应的补偿抽吸增加到 34%，12mg 烟碱的补偿抽吸增加到 127%，支持如下假设：获得烟碱的难易程度是补偿抽吸程度的决定因素。Benowitz 等[83]在超过 10 周时间内，也开展了转换到逐渐降低烟碱释放量卷烟的研究。20 名吸烟者中的 5 人（25%）自发戒烟。然而，在更大规模的、使用相同卷烟和设计的长期试验中，53 名吸烟者中只有 2 名吸烟者转向低烟碱卷烟并最终退出[84]。因为缺乏烟碱引起的补偿抽吸比早期的单支卷烟试验更严重[82]，在最低烟碱释放量卷烟（1mg、2mg 和 4mg）时范围从 20% 到 60%。

Hatsukami 等[79]建议，烟碱水平低于 Benowitz 等测试所用水平的卷烟[82-84]可以有效消除补偿行为和促进戒烟。和那些含有 0.3 mg 烟碱的卷烟相比，卷烟中含有 0.05 mg 水平烟碱不会引起补偿抽吸行为，且和减少烟碱依赖性，产品脱瘾和显著较高的戒烟率有关联。在另一项研究报告，抽吸高焦油、非常低烟碱卷烟（0.02mg）时没有补偿抽吸[91]。相反地，Strasser 等[92]观察到抽吸极低烟碱卷烟的补偿抽吸行为；对 0.05 mg Quest 卷烟总的抽吸容量最大。在新西兰一个大规模的随机对照试验中研究了极低烟碱卷烟对戒烟的效果，对有意愿戒烟的志愿者，采取单独的标准戒烟治疗与标准戒烟治疗附加抽吸 Quest 3 卷烟用法进行比较[93]。与接受常规戒烟治疗组相比，分派到 Quest 3 组的志愿者在后续 6 个月的随访中有较高的戒烟率（33% 比 28%）和较高的持续戒烟率（23% 比 15%）。此外，分配给 Quest 3 卷烟组发生复吸的中位值时间为 2 个月，而常规治疗组为 2 周。这些结果表明将极低烟碱卷烟添加到标准戒烟治疗中可能帮助一些吸烟者戒烟。

已经开展了一些将极低烟碱卷烟和烟碱贴片组合使用的研究。在一个小规模研究中，志愿者被指定将烟碱或安慰剂贴片和低烟碱卷烟结合使用[94]。分配到极低烟碱卷烟（0.08 mg）和烟碱贴片的志愿者报告，两周的研究期间他们仅抽吸了三支他们的正常品牌卷烟，而那些分配到相同的卷烟但和安慰剂贴片结合使用的志愿者报告，在同一期间他们抽吸了 46 支正常品牌卷烟。辅助烟碱贴片或安慰剂时，渴求或脱瘾症状无显著性差异。在另一项研究中，志愿者被随机分到含有不同水平烟碱贴片并辅以低烟碱卷烟[95]。分到更高剂量烟碱贴片的志愿者（7 mg 或 21 mg）表现出吸烟的数量减少更多，总的烟气摄入体积和 CO 水平比那些分配到低烟碱卷烟没有药用烟碱补充剂（安慰剂）相比更高；也观测到在禁欲期能更好地缓解脱瘾症状。在最近的一项研究中，Hatsukami 等[87]考察了使用极低烟碱卷烟显著减少吸烟行为的可行性，以及这些卷烟添加烟碱贴剂的效果。无论是烟碱贴片，还是极低烟碱卷烟（≤ 0.09 mg/ 支卷烟）和贴片的组合，均导致烟碱摄入比转换到低烟碱卷烟极大增加。和单独贴片或低烟碱卷烟相比，组合情况也减少脱瘾症状。没有发现烟碱贴片或低烟碱卷烟对脱瘾症状有差异，分配产品戒烟后各组对渴望无差异。结果表明极低烟碱卷烟和烟碱贴片组合时可能改善单独转向任一这些产品的急性效应。

　　管制方面的考虑

　　降低卷烟烟碱释放量（但不是完全消除）已经在美国作为一个发展非致瘾卷烟的潜在管制方法进行探讨。这可能会导致那些不会再成瘾的吸烟者戒烟，有重要的公众健康益处。这样的政策措施可能包括对烟碱替代疗法进行补充以促进戒烟。

A1.5.2.4　**超细卷烟**

　　超细卷烟比传统卷烟的周长要小很多。超细卷烟在一些国家已销售很长时间，如美国（如弗吉尼亚州的"Slims Superslims"），但在一些国家，它们才刚刚出现。在加拿大，许多超细卷烟品牌在 2007 年开始出现[96]。超细卷烟的圆周约 17 mm，而传统卷烟的圆周大约为 25 mm，这两种卷烟的包装类似。超细卷烟在销售时没有明显的健康声明；但是，超细卷烟"细"的包装特征及其更薄的超细品牌设计极易让消费者认为它们释放物的有害成分释放量低且"危害性小"[96,97]。

对加拿大所销售超细卷烟的分析结果表明，由于圆周低、烟草含量少，超细卷烟的许多成分释放量都要小得多，如一氧化碳、羰基化合物、挥发性成分及芳香胺等；然而，其他成分的释放量要高很多，如甲醛和氨等。对于常规尺寸的卷烟来说，所测试成分的释放量取决于所采用的吸烟机模式。加拿大销售的超细卷烟的烟碱释放量和其他加拿大品牌差不多，致瘾性也类似。在加拿大，法律已完全禁止烟草制品所有的广告及推销，这些超细卷烟的引入说明烟草公司试图利用新的设计和包装及营销手段来吸引消费者[96]。

欧盟委员会原先提议的欧盟烟草指令对细支烟发布了禁令。然而，此项禁令已被欧盟议会及理事会废止，最终的欧盟烟草指令没有对细支烟的管制内容，除了声称要监控包括细支烟在内的一些产品的营销及消费者认知[98]。

A1.5.2.5 小雪茄

这种类型的烟草制品在许多国家的销量呈现大幅增长，增长最大的有中国、德国及美国[99]。与卷烟不同，小雪茄烟和小雪茄用烟叶或棕色烟纸卷制而成。"小雪茄烟"的大小和卷烟类似，而"小雪茄"的大小在卷烟和大雪茄之间[99,100]。这些产品都没有健康警语。

Maxwell 报告[101]表明，世界上最大的小雪茄市场——美国，在 1995~2008 年间，"little cigars"增长了 316%，"cigarillos"增长了 255%，美国年轻人吸过小雪茄的比例是 26%，这样比小雪茄在整个美国人中吸过的比例（5.2%）高[99]。一项对同时消费卷烟及雪茄的情况调查表明，大约 12.5% 的卷烟消费者使用雪茄，而同时消费卷烟及雪茄的群体最可能是教育程度较低，失业或失去劳动能力的年轻男人，非西班牙裔或黑人等[102]。该研究还表明，同时抽卷烟及雪茄的人比那些只抽卷烟的人更不易每天抽吸卷烟（比例为 0.57），更容易尝试戒烟（比例为 2.39），更容易消费不止一种产品，如鼻烟、电子烟、可溶解烟草制品及嚼烟等（比例为 2.26）。该研究的不足是，在评估当前及过去对雪茄的消费情况时，没有将小雪茄和大雪茄区分开；然而，抽吸小雪茄的人并不认为这些产品是雪茄，而且，该研究使用的调查问卷使用了知名品牌，这可能提高了调查问卷中雪茄的消费量。

小雪茄比卷烟价格低，风味多样，所以，这可能是它们对年轻人更有吸引力的原因（相比卷烟来说）。美国家庭吸烟预防与烟草控制法案[103]为该国烟草制品的管制提供了空前的机遇；然而，该法案对小雪茄及雪茄没有限制。2009 年，美国食品药品管理局（FDA）禁止卷烟中添加调味剂以后，一项针对年轻人的研究表明，18.5% 的年轻人当前使用经调味的烟草制品[104]。接近 50% 的"little cigar"消费者使用调味烟草品牌。

有无滤嘴的小雪茄的烟气中有害物质的水平与加拿大市售卷烟相同[105]。此外，小雪茄烟气相比大雪茄吸入更深，和卷烟烟气类似[106]。

A1.5.2.6　含本草卷烟

2000 年，多个亚洲国家开始生产同时含有传统本草及烟草的卷烟。Chen 等[107]搜集了 1999~2005 年的多种含本草卷烟 23 种。这些产品大多在中国生产；然而，2000 年以后，中国台湾地区、韩国及泰国的烟草公司都开始制作类似的产品。这些产品一般通过向烟叶中添加本草提取物、将烟叶与本草混合、向烟丝中喷洒本草提取物或向卷烟过滤材料中添加本草提取物等方式制成。这些卷烟产品大多宣称可降低有害成分（烟碱、焦油、一氧化碳、致癌物和诱变剂），一些产品声称可减轻呼吸系统不适、保护内脏组织、促进免疫力及辅助戒烟。韩国的含本草烟草宣称可通过烟气的特殊过滤手段，如添加绿茶儿茶酚，来降低烟气危害性，并"不对吸烟者的肺及喉部造成危害"，或可作为一种戒烟手段。在泰国，一种含本草卷烟品牌"Herbal Krongthip"含有一种传统的本草油来治疗感冒；据报道，在2002年，该品牌的销售已停止。

这些卷烟在亚洲市场普遍存在。2005年，两种含本草卷烟——金圣和中南海，被中国国家烟草专卖局列为重点发展的"中国卷烟36个重点品牌"之一。尽管含本草烟草制品在中国市场的份额还未知，但是"金圣"品牌2003年在中国的年产量为35亿支，"中南海"品牌"在2001年的无形资产达到2.44亿美元"。据报道，中国含本草卷烟品牌"五叶神"也在美国加利福尼亚州旧金山市销售[107]。

亚洲的一些含本草烟草品牌含有一系列主要的添加剂，而其他品牌含有多种本草的混合物，而这些都没有被披露。Chen 等鉴别的23种含本草品牌中，只有四种只含有本草[107]。该研究表明，在这些卷烟中，有18种本草列有添加剂名单，而"金圣"是最普遍的，其次是"Apocynumvenetum"。这些卷烟中本草含有的生物活性成分的效力是未知的。例如，洋金花*（中国"洋金花"品牌中含有的一种抗胆碱本草）被认为是中草药引发的大多数中毒事件的原因，而一些人参的制备过程中可能掺入东莨菪碱。

中国台湾地区、日本及泰国的控烟机构也开始关注含本草烟草制品的健康声明[107]。

A1.5.2.7　比迪烟

比迪烟原产于印度，但也向美国出口，据报道，在美国年轻人

---

　　*洋金花，1959年至20世纪70年代早期药材公司委托以适量的洋金花等中药材配以烟叶卷制而成，用于治疗哮喘。——译注

中比迪烟的消费比例高得惊人 [108-110]。比迪烟是一种较小的手工制作的褐色卷烟，含有烟草薄片，由"temburni"（一种硬木）或"tendu"（一种乌木）的叶子卷制而成，并由小线绳绑起来。因为比迪烟是由人工卷制而成，它们之间的烟草含量是不同的。比迪烟有过滤型和非过滤型，过滤型的包装纸中含有少量的棉花。比迪烟风味十足，包装鲜艳亮丽，在美国市场上基本没有其他类似产品。这些风味包括葡萄、樱桃、草莓、丁香、香草、肉桂、豆蔻、悬钩子、黑甘草、柠檬、覆盆子、芒果、薄荷和巧克力等 [109,110]。

在美国，人们特别是小孩和年轻人对抽吸比迪烟的"新鲜感"已经引起注意。据报道，当前比迪烟的美国成年消费人群中，接近三分之二的年龄低于 25 岁。在这些年轻人中，男人、黑人及当前吸烟者的比迪烟消费比例较高 [110]。大量消费者认为，比迪烟比传统卷烟口感更好，价格便宜，易于购买（12%），且更安全（13%）[109]。

比迪烟的烟气分析结果表明，其烟气焦油、烟碱和一氧化碳的释放量很高。相比传统过滤型卷烟，比迪烟滤嘴并不能较少烟气中的焦油、烟碱和一氧化碳释放量。抽吸比迪烟比传统卷烟的肺癌及其他癌症的风险更大，如口腔癌、咽癌和食道癌等。

A1.5.3　水烟

在许多文化中，水烟有多种消费形式，如水烟筒（narghile）、水烟袋（hookah）、阿拉伯水烟（shisha）、"goza"、"hubble-bubble"、"argeela"等。它们是非洲和亚洲原住民的烟草消费传统方法。

A1.5.3.1　产品描述和营销策略

所有类型水烟的普遍特性是烟气被人体吸收之前会经过水。水烟一般使用高度调味的烟草，并将其放到水烟的"头部"，上面再放置木炭。抽吸水烟时，会在水上产生一个真空环境，使经木炭加热的空气通过烟草，所以吸入气体会含有蒸发的烟草成分和木炭燃烧产物[111]。电加热的"木炭"也可作为木炭的替代品（一些网站上有发现，如 http://www.hookah-shisha.com/p-15165-blazn-burner-fast-hookah-charcoalburner.html)。水烟通常是甜味的，并加入有调味剂，所以它们的口感较好，平顺，柔和，并易于吸入[112,113]。水烟的烟草价格很低，一般没有健康警示，还含有其成分的误导信息。它们通常被设计成一个看似无害的产品，如茶叶、咖啡、口香糖或糖果。人们在抽吸水烟时，还抽吸非烟草成分[112]；例如，一些品牌（如Starbuzz, Shiazo, Bigg, Om, Angel, Bump'n Grind 等），含有蒸汽核和多孔核，这些核含有香气，但不含烟碱。

A1.5.3.2　消费者意识、产品使用和认知

过去的十年里，在中东国家，水烟在年轻人中愈发流行，并向其他国家快速传播[114]。水烟在澳大利亚及美国中东部地区也很流行，在欧洲地区也是这样，尽管在欧洲中东部的一些国家不太流行，如丹麦、爱沙尼亚、德国和瑞典[115]。根据欧盟的一项调查，欧盟有1% 的人经常使用水烟（0%~2%），4% 的人偶尔使用（0%~10%），有11% 的人尝试过一到两次（3%~30%）[116]。在我们的调查问卷中，许多欧盟国家报告水烟的消费量有增长，但没有定量。

水烟在学校及大学学生中特别流行[115]。英国的一个国家调查显示，水烟在医学院的学生之中较流行，这和他们的地域无关。学生及成年人一般认为，水烟的危害性比卷烟小[113,117]。水烟的流行可能反映出与年龄相关的流行趋势，这需要开展进一步研究[115]。水烟在年轻人之间

还有社交功能，大部分这些年轻人在公司中分享并抽吸水烟[112,113]。

A1.5.3.3　成分、毒性和疾病风险

水烟的烟气由木炭加热过的空气通过烟草后形成，其成分和卷烟烟气中的成分类似，包括烟碱、丙二醇、丙三醇、烟草特有亚硝胺、一氧化碳、稠环芳烃[118]及醛酮类化合物如甲醛、乙醛和丙烯醛等[119]。由于木炭燃烧加热并通过烟草，水烟的一氧化碳和稠环芳烃释放量尤其高。水烟烟气中的一氧化碳释放量比卷烟烟气高 30 倍[118]，而水烟消费人群血液中一氧化碳的生物标志物（碳氧血红蛋白）的含量要比卷烟消费人群含量 4 倍[120]。到 2011 年，由抽吸水烟引起的一氧化碳中毒事件有 6 件；这些病人的碳氧血红蛋白含量达到20%~30%[121]。尽管水烟烟气中的烟碱浓度比卷烟烟气高，但 24 小时血液烟碱含量反而比卷烟低，这很可能是因为消费者每天也抽几根卷烟[118]。生物标志物研究也表明，和卷烟相比，水烟和超低烟碱摄入量、高一氧化碳暴露量及不同的致癌物暴露模式相关[122]。水烟还会产生大量高浓度有害颗粒物的环境烟气，并导致了二手烟风险。

水烟和肺癌、呼吸系统疾病及低出生率紧密相关，并和膀胱癌、喉癌和口腔癌也有关系[115]。水烟烟气的致癌性并不让人感到意外，因为它含有甲醛和乙醛等羰基化合物，甲醛是一种人体致癌物[123]，而乙醛是一种可能的人体致癌物[124]。丙二醇和丙三醇在水烟烟气中的释放量比实验研究中能引起不良反应的释放量要高很多，这应引起注意。这两种化合物能引起呼吸系统中的黏液分泌杯状细胞含量增高，并会刺激喉部[118]。

A1.5.3.4　潜在致瘾性

水烟会导致烟草及烟碱致瘾，但比卷烟更具有间歇性[113,125]。尽

管水烟烟气中的烟碱释放量比卷烟烟气中高,但其血液中的 24 小时烟碱浓度却更低 [118]。

A1.5.3.5 管制方面的考虑

在原本不抽水烟的人群中,水烟的使用量似乎在增加。消费者以为水烟危害性小,没有致瘾性,但实际上水烟烟气和卷烟烟气的一些有害物质释放量差别不大,一些释放量甚至还高出安全范围,如一氧化碳。可告知这些人水烟的危害性、致瘾性和有害物质的暴露量,以期能影响这些人对水烟的看法 [126]。尽管水烟烟草通常受到管制,但水烟烟管及其配件却没有管制 [114]。此外,本草水烟烟草不受控烟及室内空气清洁等相关法律的管制,所以,在大多数国家里,水烟都可以在室内抽吸。加拿大和土耳其是例外。

A1.5.4 对传统烟草制品的显著改变

许多元素都被引入传统烟草制品的组成和结构改变中。因此,被监管的产品(如湿鼻烟或卷烟)本身不是新的,但特定品牌所做出的改变可能会对个人及公众健康带来新的风险。现在可以对预测烟草制品改变造成的影响,所以烟草制品管制提出具有前瞻性的措施。下面,我们将探讨一些近期传统烟草制品的改变。

A1.5.4.1 降低烟草含量的瑞典鼻烟

在我们的调查中,我们收到了一项来自瑞典的报告,该报告声称,一种名为"Loonic"的鼻烟中含有多种烟草含量占产品总重量逐渐降低的型号:75% (Loonic No.1), 50% (Loonic No.2), 25% (Loonic

No.3) 和 0% (LoonicNo.4)。该产品的网址（http://www.loonic.se/index.php/en）显示，该产品的其他物质是茶叶。"Loonic"中，烟草含量降低，烟碱含量也随之降低。就像"Quest"系列卷烟那样，"Loonic"的广告语是"为那些减少吸烟或彻底戒烟的人而生"。产品描述声称，不含烟碱的型号"Loonic No.4""不含烟草或烟碱，但加入了瓜拿纳、维生素 B12 和叶酸"。这种产品似乎是针对现在的鼻烟消费者，且并没有健康声明。

A1.5.4.2　含有生物活性添加剂的湿鼻烟

"Revved Up Energy Dip"在 2008 年由位于美国佐治亚州的南方无烟气烟草公司引入。根据产品网站的介绍（http://www.southernsmokeless.com/Revved-up.html），"Revved Up"是一种含有维生素 B、维生素 C、咖啡因、人参及牛磺酸的长条状无烟气烟草制品，有薄荷和冬青口味。该产品声称能够提高灵敏度、注意力及活力。在美国鼻烟的推销过程中，"Revved Up"被描述成"谨慎享受无烟气烟草制品"；但是，它却被主要宣传成能够提高注意力和活力。浏览该网站产品的人主要有军人、公务员（警察、消防员等）以及运动员。该产品声称"Revved Up"使用的烟草"比烤烟中的致癌物含量低 65%"，这意味着它们能够降低暴露量或风险。

A1.5.4.3　滤嘴中的薄荷醇胶囊

具有传输致癌性物质新技术的卷烟已经在日本和美国出现，并在一些欧盟国家中有销售[127]。卷烟滤嘴中嵌入进一个含有风味成分的胶囊，吸烟者可通过挤压这个胶囊将调味剂释放到烟气中。这种新颖的设计好像对年轻人有特殊的吸引力，而这种产品的营销也主要针对这些人群。

在土耳其,含有薄荷醇胶囊的卷烟是允许销售的,因为它们符合烟草及酒精市场管制机构的技术要求。然而,官方授权的科学委员会正在根据 WHO FCTC 及国家法律对这类产品进行调查。

芬兰国家福利及健康监管机构报告,地方零售商在推出可以通过按压来释放清新口味(薄荷及绿薄荷)的卷烟品牌,并与烟草公司达成一致,将这些产品最先推销给消费者。

新的欧盟烟草指令 2014/40/EU[98] 禁止销售那些在其任何部位含有调味剂的烟草制品,如滤嘴、纸、包装、胶囊或任何能改变该产品或其烟气气味及口味的技术。此外,滤嘴、纸盒胶囊不能含有烟草或烟碱。新法案于 2014 年 5 月开始实施,欧盟成员国有两年的时间对本国的法律进行修改,以符合新法案的要求。

A1.5.4.4　无添加卷烟或有机卷烟

在一些国家,"天然"卷烟广告声称无添加剂[128]。

"Natural American Spirit"(http://www.von-eicken.com/en/) 和 "Manitou"(https://www.nascigs.com/) 的包装上分别有美国印第安人圆锥形帐篷及印第安人抽吸长杆烟斗的照片,以示卷烟和细切烟草已经在美国市场上存在很多年了。一个类似的产品是"Sioux"(http://www.von-eicken.com/en/)。所有这些品牌都只含有弗吉尼亚烟叶。烤烟叶,如弗吉尼亚烟叶,含有 20% 的天然糖分,这在很大程度上决定了消费者的接受度[128-130]。

根据它的网站介绍(www.poeschl-tobacco.com),普韦布洛(Pueblo)烟草是一种高质量的混合烟草。它的名字"Pueblo"就像"Natural American Spirit","Manitou"和"Sioux",都代表一种

传统的美国文化，这个文化包含烟草在成为工业品之前的起源。因此，这种名字能引起一种传统、真实和自然的感觉。西班牙提供了Pueblo 的销售情况，表明该产品的市场份额只有 0.1%（在 176 种品牌中排 68 位），然而细切卷烟 Pueblo- 白肋烟混合型产品要更受欢迎，市场份额达到 9.6%（在 112 种品牌中排 3 位）。网络显示（http://yesmoke.eu/blog/tobacco-shag-natural-organic/），这种产品也是意大利最受欢迎的细切卷烟品牌。

西班牙也有一种卷烟品牌，名叫"Yuma Organic"，含有 100%的有机烟草，不含杀虫剂和添加剂。它们的网站（http://www.yumaorganic.com/）宣传到："选择有机产品，保护环境。""Yuma"支持有机农业。该产品并不受欢迎，只占到市场份额的 0.0001%（在176 种品牌中排 162 位）。

几年前，Camel 和 Lucky Strike 也推出过不加添加剂的品牌："Camelnatural flavour"和"Lucky Strikeadditive-free"，并使用褐色纸包装。不含添加剂的纯烟草品牌似乎在迎合那些对自然有机产品感兴趣的消费者。一些消费者认为那些不含添加剂的卷烟"对身体危害小"（如 http://answers.yahoo.com/question/index?qid=200902121117 36AAiemjg）；然而，这类产品依然释放来自烟草中的致癌物和其他有害化合物 [129]。

A1.5.4.5 产品名称的品牌化

西班牙报道了两种有品牌名称的细切烟草产品："自卷式美国混合型烟草，给那些不需要该品牌告诉其他人它是什么的人们"和"自卷式弗吉尼亚混合型烟草，给那些不需要该品牌告诉其他人它是什么的人们"。这种品牌名称作为广告和促销手段来吸引人们假装"自信"和独立。因为这些品牌名称已经被欧洲专利局授权，所以卫生部门也难以阻止这些产品的营销行为。

A1.5.4.6　低烟味卷烟

关于专利记录的一项研究表明，有超过 100 项和测流烟气相关的专利，包括改善烟气气味和降低能见度等 [131]。有关国家报道，日本烟草国际公司曾要求官方允许其向市场推出一种新的产品："Winston XS"，这种卷烟产品"烟气味较淡"（见 http://www.cigarettestime.com/cigarettes-articles/winston-xs）。

A1.6　发展中的技术

越来越多的烟草制品，特别是卷烟，正在或将要被推向市场，并声明它们能降低烟气中有害物质的暴露量。这些潜在降低暴露量产品（PREP）包括烟草生产过程、滤嘴或设计的改变。烟草公司开展并发布了很多研究，以证明其减害声明。应该开展独立研究，以对这些声明进行调查研究，如产品可以降低烟气有害物质释放量水平的声明，降低毒性的声明，降低人体暴露生物标志物含量的声明，降低疾病发生生物标志物的声明，以及在对比临床试验的实验组中能够通过感官评价的声明等。在评估吸烟机测试结果时，需要考虑个体真实的吸烟行为，因为人的吸烟过程是一个复杂的过程，包括抽吸容量、抽吸时间、抽吸间隔、每支烟的抽吸次数及总抽吸体积等 [132]。因此，人的抽吸行为与普遍使用的吸烟机模式都不同，如 ISO 模式和加拿大深度抽吸模式。ISO 模式为：抽吸体积为 35 mL，抽吸间隔为 60 s，总抽吸体积为 455 mL，不堵塞通风口。加拿大深度抽吸模式为：抽吸体积为 55 mL，抽吸间隔为 30 s，总抽吸体积为 715 mL，堵塞通风口。建议通过单位毫克烟碱释放量来校正吸烟机抽吸结果，以降低标准方法之间的差异[133]。

接下来将评估一系列 PREP，以考察这些产品是否会降低卷烟主流烟气中的有害物质释放量，以及释放量的降低是否会降低疾病风险。由于这些大部分产品都不在市售，所以会基于它们的成分、毒性和潜在风险对其进行描述和说明。不对这些产品的致癌性进行说明。PREP 是在烟草制造过程中滤嘴和 / 或设计改变的烟草制品，因此也归烟草制品管制。

A1.6.1　代替传统卷烟燃烧的加热技术

产品描述：世界上最大的烟草公司之一，菲利浦·莫里斯国际公司，计划到 2017 年推出一种据说能够降低健康风险的新型卷烟产品[134]。该公司声称，这种新型产品加热而不是燃烧烟草，其有害物质释放量会降低 95%。该公司宣称该"最有前途的低危害产品"通过加热烟草产生气溶胶供消费者吸入，并准备好接受临床试验[134]。我们的研究表明，荷兰和罗马尼亚期待菲利浦·莫里斯国际公司新产品的问世。该公司认为 2014 年欧盟烟草指令中在包装上标注健康声明的要求不适用于此产品，只用文字表示产品具有致癌性就已足够[135]。

和菲利浦·莫里斯国际公司计划投入市场的产品类似的卷烟是 Ploom 销售的产品及雷诺公司销售的"Premier"和"Eclipse"卷烟。总的来说，还需要提供加热非燃烧产品减害和有益健康声明的令人信服的证据，以及支持这些声明的更好的方式[136]。用于传统卷烟的方法，如吸烟机测试方法，可能需要加以改变或开发新的方法，因为这些新产品的抽吸行为、物理和化学性质（特别是吸入的气溶胶）及更长的暴露时间和传统卷烟是不同的。一些科学家认为这些新的卷烟产品的危害性和传统卷烟是一样的 [137]。

A1.6.2 烟草加工工艺和滤嘴结构的改变

A1.6.2.1 含碳纤维或醋酸纤维滤嘴的烟草替代薄片

产品描述

英美烟草公司设计了几种 PREP，其中之一是一种含有烟草替代薄片（TSS）的实验卷烟，该卷烟在加热的时候会释放出甘油。TSS 的成分包括碳酸钙、甘油、海藻酸钠和焦糖。这种产品有双重功能：降低产品中的烟草含量，从而降低烟气有害物质释放量；释放到卷烟主流烟气中的甘油会稀释卷烟燃烧产生的包含有害物质的粒相物。这些实验卷烟还有包含分散的活化双层碳纤维或醋酸纤维的滤嘴。和仅靠滤嘴区分于传统卷烟的"淡味型"卷烟不同，这些实验卷烟烟草含量低（40%~70%），含有 30%~60% 的 TSS 和不同设计的滤嘴（双层碳纤维或醋酸纤维滤嘴，通风率为 0%~55%）。

成分、毒性和疾病风险

烟气化学、毒理学评估及初级人群实验已经用来对 TSS 制成的实验卷烟进行测试 [138]。英美烟草公司宣称，含有双层碳纤维或醋酸纤维及 TSS 的实验卷烟可降低主流烟气的烟气成分释放量水平，而且，滤嘴也能降低粒相物释放量：醋酸纤维滤嘴能选择性降低一些酚类化合物的释放量，而双层碳纤维能够降低额外的挥发性化学成分。这种产品没有健康声明。这些实验卷烟主流烟气的分析结果表明，除了一些挥发性成分外，大部分所测定成分的释放量都有降低。进行了一些研究时体外毒理学研究，如细胞毒性试验、诱变实验及染色体损伤实验等。在所有的实验中，"Silk Cut King Size"过滤嘴卷烟都被用来做对照卷烟，这种卷烟在吸烟机模式下的无水粒相物释放量和实验卷烟相同，且不含烟碱。4 种实验卷烟分别含有 60% 的 TSS/ 醋酸纤维滤嘴、60% 的 TSS/ 双层碳纤维滤嘴、含 50%TSS 及 2.5% 甘油的烟草混合物以及双层碳纤维滤嘴。在诱变实验中降低程度最高的是含有 60%TSS 及醋酸纤维素滤嘴的实验卷烟。这些实验中所用的总粒相物并没有包含所有的化合物，如挥发性化合物。

人体暴露量是通过分析抽吸市售卷烟和实验卷烟的滤嘴，以及分析抽吸卷烟后的 24 小时暴露生物标志物来进行评估的，实验卷烟的无水粒相物释放量与市售卷烟相近，且不含烟碱，并含有 60%TSS/ 醋酸纤维滤嘴。所提供给吸烟者的东西包括一天的卷烟产品，搜集尿液样品的的容器以及搜集吸烟滤嘴的容器。据估计，抽吸实验卷烟人群的每日口腔烟碱暴露量要在统计上低很多。滤嘴测试结果表明，烟碱每日暴露量降低了 14%，而 24 小时尿液生物标志物测试显示降低了 14%。滤嘴测试结果表明，烟气成分暴露量平均降低了 29%，尿液 NNAL 测试结果表明，NNK 暴露量降低程度与滤嘴类似。尿液的烟碱生物标志物及 NNAL 的代谢量也有所降低。这些暴露生物标记物代表相应的每种烟气有害成分，并和烟气暴露量有关。没有效应生物标志物的报道。在一个感官评价实验中，允许受试者抽吸实验卷烟或者是他们自己的品牌"ad libitum"，结果发现，实验卷烟的接受度不如吸烟者自己的品牌。

尽管有报道声称这种卷烟降低了体外细胞毒性和基因毒性，但是，还没有现成方法可以用来预测这种降低能否根本上降低疾病风险，以及这种稀释效应能否和吸烟者的健康风险有生物相关性。尽管已经提出了几种模式，但是还需对这些模式进行进一步研究[139-141]。生物标志物研究表明，需要更长时间以及可能更多的参与者来评估实验卷烟吸烟者尿液中的生物标志物。与传统卷烟相比，实验卷烟只有一部分烟气有害物质释放量下降，且其感官接受度较低。

A1.6.2.2　烟草混合物处理及含有功能化树脂或碳的滤嘴

产品描述

英美烟草公司开发了一种实验卷烟，这种产品对烟草混合物进行了处理，包括加入水提取物、蛋白酶处理、过滤掉提取物的多肽、氨基酸以及多酚等，并将提取物和处理过的烟草再次结合[142]。该公司宣称这种处理方式能够降低卷烟主流烟气中的有害物质释放量。含有活性炭和 / 或树脂吸附剂的选择性滤嘴能有效降低挥发性有害物质释放量。

成分、毒性和疾病风险

"Silk Cut King Size" 过滤嘴卷烟和实验卷烟具有相同释放量的吸烟机生成的不含烟碱的干燥粒相物成分，和这种卷烟相比，烟草混合物经处理的卷烟中蛋白氮（59%）、多酚（33%~78%）及烟碱[12]释放量低，但糖类释放量高（16%）。测定了 ISO 模式下含有再造烟叶的卷烟主流烟气中的 43 种有害成分释放量。结果发现，下列成分的释放量较低：氨类（27%）、芳香胺（34% ～ 38%）、吡啶（23%）、喹啉（21%）、氰化氢（41%）、TSNA（10% ～ 18%）、酚类（42%）及镉（79%）；然而，下列成分释放量显著增高：甲醛（79%）、苯并 [a] 芘（13%）、乙醛（16%）、丙酮（12%）、丙烯腈（26%）、丙醛（21%）、巴豆醛（12%）、甲基乙基酮（16%）、异戊二烯（4%）、苯乙烯（19%）和铬（42%）。该产品测流烟气中的含氮有害成分、醛酮类化合物、苯并 [a] 芘及异戊二烯释放量升高。烟草混合物的处理和挥发性化合物及醛酮类化合物（特别是甲醛和异戊二烯）、PAH（苯并 [a] 芘）以及一些重金属（镉）释放量的升高有关。含有活性炭和 / 或树脂吸附剂的选择性滤嘴能有效降低这些挥发性有害成分的释放量。但这些实验只报告了 ISO 模式，有必要和加拿大深度抽吸模式进行对比。此外，也没有开展毒理学测试。

　　暴露生物标志物是通过 6 周、单中心、单盲、有对照、强制交换的临床试验来进行评估的，所使用样品为经过混合烟草处理的焦油释放量为 1 mg 的卷烟[143]。实验发现，烟气生成量（ISO 模式下的主流烟气）及暴露生物标志物都有所减少，有时候甚至明显降低（> 80%）。主流烟气及 4 种 TSNA 中的 3 种生物标志物含量的降低和主流烟气释放量降低 85%~96% 以及暴露生物标志物含量降低 81%~87% 是一致的；然而，烟气中 NNK 的释放量降低 83% 和其暴露生物标志物平均含量降低 49% 不一致。造成这种差异的原因可能是由于 NNAL 半衰期比较长，而其他未代谢的 TSNA 的半衰期较短。这些发现对长期健康风险（不是效应生物标志物）的评估将不会停止。在开展接受度、满意度及口感等感官评吸过程中，再造烟叶的多数感官评吸项目中得分都很低。接受度在 4 周后好像有所改善，但仍不及参比卷烟。

　　检测的 43 种有害物质只代表卷烟主流烟气中大约 5000 种化学成分的一小部分。烟气有害成分释放量和健康风险的关系还没有科学共识。为评估降低有害成分释放量对健康风险的关系，需要开展毒理学评估及临床实验。在暴露生物标志物研究中，不同个体之间的差异很大，这说明个体吸烟行为和代谢行为都有差异。我们需要烟气的暴露生物标志物，就像我们当前所接受的那样，大多数广泛使用的生物标志物只针对几种化合物。尽管有报道声称这类产品中卷烟主流烟气中的一些有害物质释放量及暴露生物标志物含量显著降低，但是，通过评估这些再造烟叶卷烟中主流烟气的大部分致癌物释放量，目前尚无让人信服的证据证明这类产品能降低风险。

A1.6.2.3　烟草替代薄片和两段式碳滤嘴的结合

产品描述

为了降低吸烟机模式下卷烟主流烟气中特定有害物质或一组有害物质释放量，英美烟草公司通过整合相关技术，开发了一种最具有希望的实验卷烟，这种卷烟包括 80% 美国混合型烟草，20% 烟草替代薄片以及一种含有 80 mg 聚合物碳纤维的两段式滤嘴（20%TSS/80 mg 碳滤嘴）。

成分、毒性和疾病风险

这种实验卷烟在 ISO 模式和加拿大深度抽吸模式下的主流烟气总有害物质释放量要比对照卷烟低 [144]。未评估这种主流烟气释放量降低的卷烟对疾病的影响，Fearon 等 [139] 使用了一种心血管疾病的体外毒理学试验对一种原型卷烟进行了测试，这种原型烟在 ISO 模式下的焦油释放量为 6 mg。在这种内皮损伤修复实验中，参比卷烟主流烟气粒相物对内皮细胞的迁移有抑制，其创伤修复与烟气浓度呈负相关关系，然而，原型烟的粒相物对内皮细胞迁移的影响比参比卷烟降低了 22%，其创伤修复效果也更好 [59]。在这个实验中，卷烟主流烟气粒相物不包括诸如挥发性成分在内的化合物，而且只是用了一种减害评估模式。由于心血管疾病的复杂性，这些实验结果不能被外推到人类，而且需要更多的研究来确定这些体外生物变化能否反映生物有机体内的疾病变化。

　　暴露生物标志物是通过 6 周、单中心、单盲、有对照、强制交换的临床试验来进行评估的。有研究比较了两种卷烟，一种是 ISO 模式下的 1 mg 焦油卷烟（TSS1），该卷烟含有烟草替代薄片以及含有碳、氨基功能化树脂和醋酸纤维素的三级滤嘴，一种卷烟是 ISO 模式下的 6 mg 焦油卷烟（TSS6），该卷烟含有烟草替代薄片以及没有氨基功能化树脂的两级滤嘴[143]。和参比卷烟（"Silk Cut King Size" 过滤嘴卷烟，吸烟机模式下的粒相物释放量相同且不含烟碱）相比，TSS1 所测定所有有害成分释放量都较低，尽管每种有害物质的降低程度不同。暴露生物标志物的降低程度也不同，且一部分含量有所升高。主流烟气成分家暴露生物标志物的变化一般是不一致的；例如，一些 TSNA，如 NNK，其中的释放量降低，而 NNAL 的含量却升高。对于 TSS6 来说，在研究末期，除了总烟碱当量和 4-羟基菲，所有暴露生物标志物含量都有所降低。除了 4-氨基联苯、1-羟基芘、2-羟基菲、3-羟基菲和 4-羟基菲外，所有化合物的降低程度都很明显。降低最明显的是挥发性化合物，如巴豆醛降低 75%，丙烯醛降低 45%，1,3-丁二烯降低 63%。TSNA 暴露生物标志物含量降低了 10%~26%。由此可知，抽吸 TSS1 和 TSS6 后暴露生物标志物含量一般是降低的，但是卷烟主流烟气的成分降低情况往往与暴露生物标志物的降低情况不一样。个体间所测定暴露生物标志物差异很大。

　　尽管没有效应生物标志物的报道，曾有方法通过评估和 1,3-丁二烯相关的癌症及其他疾病变化来评估抽吸 PREP 时化合物所引起的风险改变[130]。选择这种化合物的原因是该化合物是 WHO 提议降低释放量的有害成分之一[133]。20%TSS/80 mg 碳滤嘴所引起的健康风险的改变最明显。尽管癌症（白血病）的变化最明显，但是还不足以因此说该产品（减低疾病风险）。对于非致癌作用（如子宫萎缩等），20%TSS/80 mg 碳纤维模式所产生的 1,3- 丁二烯释放量对健康没有影响[130]。

作为 6 周、单中心、单盲、有对照、强制交换的临床试验的一部分，通过 TSS 降低有害成分释放量的模式在接受度、满足感及口味等感官评析中不如对比卷烟[143]。一般来说，对大部分评吸模式来说，参与者所反馈的结果是该卷烟的接受度与参比卷烟持平或略低。研究 4 周之后，这种卷烟的接受度有所升高，但依旧比参比卷烟低。尽管与传统卷烟相比，TSS1 和 TSS6 在吸烟机模式下的有害成分释放量较低，还需要更多的研究来确定这些产品是否能降低健康风险。还需要更多的抽吸 PREP 的志愿者的生物标志物研究，并需要改善其制造工艺。至于体外毒理学试验，我们对与心脑血管疾病发病相关的特定烟气成分以及实验结果对身体健康影响的了解还很少。在生物标志物研究中，个体间差异较大，这可能是由于个体吸烟行为及个体间代谢行为的差异所造成的。因此，就算群体暴露生物标志物平均含量可能降低，但这并不意味着群体所有成员的疾病风险都会降低。因为该研究是无止境的，所以这些产品的长期健康效应依旧是未知的。

A1.6.3　滤嘴结构的改良

A1.6.3.1　滤嘴中的氨基功能化离子交换树脂

产品描述

英美烟草公司开发的另一种实验卷烟是在滤嘴中加入氨基修饰的离子交换树脂[145]。该滤嘴中含有一种基于聚苯乙烯的多孔阳离子交换树脂（Diaion®CR20），这种树脂表面含有能与烟气中的醛酮类化合物和氰化氢反应的氨基官能团。该公司宣称，滤嘴中的树脂能够升高卷烟主流烟气中的蒸汽压（特别是甲醛），并降低有害成分释放量。

成分、毒性和疾病风险

英美烟草公司对其开发的实验卷烟进行了测试，这种卷烟的滤嘴中含有 60 mg 的 Diaion®CR20，在 ISO 模式和加拿大深度抽吸模式下，其主流烟气中甲醛释放量降低量超过 50%（估计代表烟气气相物中超过 80% 的甲醛总量），氰化氢释放量降低超过 80%，乙醛释放量降低超过 60%。在 6 个月的试验周期中，树脂活性保持不变。Diaion®CR20 是被特别设计来捕获常温下具有高蒸汽压的烟气有害成分，例如甲醛、乙醛和氰化氢；尚不清楚这种材料能否降低其他化合物的释放量。尽管报道表明一些烟气成分释放量会降低，但是一些其他有害成分的释放量在加拿大深度抽吸模式下会升高，如丙酮和 2- 丁酮。这种卷烟也没有经过毒理学评估、暴露或效应生物标志物测试和感官质量评价。

A1.6.3.2　滤嘴中的钛酸盐纳米片、纳米管和纳米线材料

中国福建中烟工业有限公司对滤嘴中添加钛酸盐纳米片、纳米管和纳米线材料来降低卷烟主流烟气中的有害成分释放量进行了评估 [146,147]。尽管两篇文献都报道了有害成分释放量的降低，但是，将有害成分释放量通过单位毫克烟碱标准化后，纳米片材料没有降低有害成分释放量效果，纳米管材料只降低了一部分有害物质释放量（如氨、对苯二酚、邻苯二酚和苯酚等）[146]。因为第二篇文献没有报道烟碱释放量，所以纳米线材料对 TSNA 的吸附效果还无法评估。

这种卷烟没有经过毒理学评估、暴露或效应生物标志物测试和感官接受度评价。需要进一步研究这些纳米颗粒是否会被转移到主流烟气中，而如果转移的话，还需评估钛酸盐纳米颗粒对肺部及其他器官直接暴露的健康效应。

A1.6.3.3　活性炭滤嘴

产品描述

烟草公司宣称活性炭滤嘴能够降低卷烟主流烟气中的有害物质释放量，美国疾病控制与预防中心对其进行了评估[148,149]。烟草公司宣称，因为活性炭长期以来都被用于除去水及空气中的挥发性有机化合物，所以它对卷烟主流烟气应该会有同样的效果。美国疾病控制与预防中心对这种活性炭滤嘴进行了评估，其活性炭含量在45～180 mg，并分散在滤嘴中或在滤嘴的小腔体中。

成分、毒性和疾病风险

测定对象为卷烟主流烟气中的焦油、烟碱、一氧化碳、乙醛、丙烯醛、苯、苯乙烯和总共22种挥发性有机化合物。和类似的不含活性炭的过滤性卷烟相比，活性炭滤嘴卷烟的主流烟气中总挥发性有机化合物的释放量降低（在 ISO 模式和加拿大深度抽吸模式下）。然而，释放量的降低并不仅仅取决于添加活性炭的含量，还取决于通过滤嘴的烟气量。尽管一种含有 45 mg 活性炭的品牌在 ISO 模式下烟气挥发性有机化合物释放量有所降低，在更深度抽吸模式下（如加拿大深度抽吸模式），其活性炭含量会达到饱和并有质的改变。总的来说，即使在深度抽吸模式下，活性炭含量最高的品牌能最有效降低挥发性有机物释放量。在 ISO 和加拿大深度抽吸模式下，含有 33 mm 滤嘴、43% 滤嘴通风率，0.5 g 烟草及 120 mg 活性炭的品牌，其测定烟气成分释放量相对较低。初步研究结果表明，和挥发性有机化合物相比，其他重要但挥发性不强的成分（如 TSNA 和 PAH）释放量不受影响，或释放量降低程度相对较小[148]。Hearn 等[149] 指出，活性炭滤嘴选择性地除去卷烟主流烟气中的低相对分子质量 PAH，但不能显著去除更重更有害的 PAH，如一种已知的致癌物，苯并 [a] 芘。同样地，活性炭滤嘴可不同程度地除去卷烟主流烟气中的酚类化合物和 TSNA，这取决于化合物特性、滤嘴设计及抽吸模式。在一定的抽吸模式下，卷烟滤嘴中足量的活性炭能够除去很多挥发性有机物，并可能降低特定半挥发性化合物的释放量。挥发性不强的化合物在粒相物中占有很大比例，和主要在气相物中的挥发性成分相比，并不容易被活性炭滤嘴选择性去除。烟草公司没有报道任何关于这些卷烟的毒理学测试结果。

　　活性炭滤嘴对暴露生物标志物的影响在一个含有 39 名吸烟者的随机、正交、2 周可品牌调换的研究中加以评估[150]。20 名参与者抽吸醋酸纤维滤嘴卷烟，其他 19 名参与者抽吸活性炭滤嘴卷烟。这两种类型卷烟含有相近的吸烟机抽吸焦油和烟碱。在第 2 周，参与者互相交换卷烟。交换卷烟过程中，每日抽烟支数、呼出气体一氧化碳含量、唾液可替宁含量以及尿液烟碱当量（烟碱和 5 种主要代谢物的总含量）并没有明显变化。抽活性炭滤嘴卷烟的志愿者尿液中的 3- 羟基 -1- 甲基丙基硫醚氨酸（巴豆醛的代谢物）、单羟基丁烯基硫醚氨酸（1,3- 丁二烯的代谢产物）和 S- 丙基硫醚氨酸（苯的代谢产物）明显较低；3- 羟基丙基硫醚氨酸（丙烯醛的代谢物）含量的降低并不显著。其他硫醚氨酸和硫醚（硫醚用于测定对亲电性化合物的暴露总量），在抽吸活性炭滤嘴卷烟人群样品中的含量没有降低或略有降低[143]。总的来说，与含有类似焦油或烟碱释放量的醋酸纤维滤片卷烟相比，活性炭滤嘴卷烟并不能改变一氧化碳或烟碱摄入量，但能显著降低烟气毒性相关成分如丙烯醛、巴豆醛、1,3- 丁二烯和苯的释放量 [150]。活性炭滤嘴能否通过降低卷烟主流烟气中的特定化合物释放量来降低健康风险仍是未知的。仅有的生物标志物实验 [150] 还是一项没有参照组的研究。丙烯醛和丁烯醛也是内源性脂质过氧化的产物，但还不清楚哪种烟气成分会提高它们的浓度。研究评估的人数很有限 [39]，因此还需要更多的志愿者参与，以确定生物标志物的研究结果。烟草公司没有对使生物标志物和感官质量进行评估。

A1.6.4　2013 年 CORESTA 会议所展现的研究进展

2013 年，烟草制品科学研究合作中心（CORESTA）烟草科学及产品技术会议在西班牙塞维利亚召开，并就烟草减害问题展开讨论，其内容总结如下 *。这些总结并不给出全面或绝对的综述结果，但给出了烟草制品技术研究的主要趋势，包括滤嘴技术、TSS 及有害物质的形成机理等。

A1.6.4.1　烟草添加剂

中国云南瑞升烟草技术（集团）公司展示了一项研究，该研究通过向烟草再造薄片引入氧化铁等纳米材料来降低烟气成分释放量，如焦油、一氧化碳、苯并 [a] 芘和 NNK（口头报告 16，墙报 13）。但是，该研究没有列出卷烟类型以及成分释放量通过烟碱归一化后是否还会降低。

该公司还报告，通过添加烟梗颗粒物，可以降低一些烟气成分

---

　　*从烟草制品科学研究合作中心（CORESTA）网站发布的摘要中获得。http://www.coresta.org/Meetings/CORESTA-Abstracts/Seville2013-SmokeTech.pdf. ——译注

释放量，但不影响产品感官质量（口头报告 52）。添加 8% 的梗颗粒，可以将主流烟气中的焦油释放量降低 32%，烟碱释放量降低 32%，铬释放量降低 28%，镍释放量降低 17%，镉释放量降低 53%，铅释放量降低 28%，汞释放量降低 17%。因为烟碱的降低幅度比其他有害成分都大，如果吸烟者渴求摄入一定量的烟碱，在抽吸此类含有颗粒梗的卷烟时，实际上会暴露于更多的有害物质。

A1.6.4.2　滤嘴添加剂

云南瑞升烟草技术（集团）公司还做了一项关于向卷烟滤嘴中添加聚酰胺桥连硅胶的报告（口头报告 17）。这种吸附剂能够选择性降低苯酚、巴豆醛和氰化氢的释放量；但对烟碱的影响没有报道。

中国湖南中烟工业有限责任公司和郑州烟草研究院报告，但相对于烟碱来说，常规的醋酸纤维滤嘴能够选择性地降低七种酚类化合物的释放量（口头报告 31）。

中国江苏中烟工业有限责任公司报告了在卷烟中应用一些表面经氯化钯等金属氧化物修饰的活性炭纤维滤嘴（墙报 12）。根据该类产品的研究结果，其焦油、苯酚、邻苯二酚及巴豆醛释放量下降；但没有列出烟碱释放量变化情况。

A1.6.4.3　前体研究

郑州烟草研究院报告了氰化氢形成的前体物质（主要是蛋白质）和 4- 氨基联苯的一些主要前体物质（口头报告 56），日本烟草国际公司报告了热裂解条件对这些化合物形成的影响（口头报告 57）。关于热裂解前体物质及机理的研究可对开发新的减害产品提供帮助。

A1.7　总　　结

在过去的十年里，一系列新型烟草制品及技术被推向国际市场。这些新型烟草制品包括非加热型产品，如可溶解烟草产品及新型鼻烟，以及加热非燃烧的改进型卷烟产品和类卷烟产品。

A1.7.1　非燃烧型口用产品

自可溶解烟草制品第一次引入美国市场以来，这些产品变化明显，包括包装及配方等（图 1.1）。尚不清楚这些产品是否能在美国市场上长期存在或向国际市场传播。相比较而言，新型鼻烟在美国市场上越来越受欢迎[25]。然而，在美国或其他国家可能制造的鼻烟产品应和传统的瑞典鼻烟区别开来。美国生产的鼻烟与瑞典制造的鼻烟在含水率、包装袋大小、烟碱含量以及其他成分含量都不同[15,34,151]。此外，最近骆驼（Camel）鼻烟产品较高的 TSNA 含量表明，美国制造的这种鼻烟产品在烟草类型或 / 和烟草加工过程都和瑞典鼻烟不同。一些研究人员建议在美国和其他国家复制"瑞典经验"，这需要谨慎对待。此外，新型非燃烧烟草制品之间成分含量相差较大[15,33]，这可能是由于试销市场实验方法和 / 或产品重复生产的不同造成的。必须对这类产品继续加以监控，因为该类产品只是处于市场测试阶段，会不断加以改变，并有新产品被不断引入。

在美国，一些新兴烟草制品，如鼻烟和可溶解烟草制品的营销手段包括产品分配，"教育"新消费者如何使用该类产品，以及发布让人觉得该类产品只是试用品的信息。这些策略表明，现有鼻烟营销手段在吸引新的消费人群，并鼓励消费者长期使用该产品。在原来的烟草公司秘密文件中显示，这些公司所作的消费者调查坚定地支持我们这一假设[152-154]。尽管制造商坚称没有对其可溶性产品进行营销，或吸引消费者，这些研究关注那些类似"糖果"的烟草产品，并提醒消费者谨慎使用这类产品，这些说法可能吸引儿童或未成年人，并可能提升此类产品的消费量及毒性[10]。这些产品也含有多种口味，以前的研究表明，年轻人更容易消费经调味的烟草产品[104]。产品包装可能在烟草公司的营销策略中发挥重要作用。

在美国，非西班牙裔、白人、男人及年轻吸烟者更倾向于使用新型烟草制品[155-158]。年轻人倾向于注意那些接受度高、方便、有吸引力、现代、有趣、有娱乐功能以及便于隐藏的新型鼻烟和可溶解烟草制品[159]。吸烟者和非吸烟者都声称，有机会时会使用这些产品。尚不清楚哪些人正在使用这些市售可溶解烟草产品，以及这些产品大规模上市时哪些人会使用它们。例如，人群统计结果表明，年轻人和怀孕的妇女可能会比其他人更可能使用可溶解烟草制品。如果是这样的话，需要更好地理解哪些和产品设计和营销因素会使这些产品吸引特定人群。有限的研究表明，可溶解烟草制品尽管在人群中具有一定的知名度，但对其尝试和感兴趣的人还很少，知道这些产品最多的人群是年轻人和男性吸烟者[5]。吸烟者倾向于信任那些直接或间接暗示危害小、相对安全的的产品[160-162]。因此，尽管吸烟者普遍对鼻烟和可溶解烟草产品的口味不满意，但是他（她）们还是可能愿意使用这些产品，以降低产品的危害性[162,163]。可溶解烟草制品和鼻烟也可能吸引那些不使用烟草的新消费人群。需要对测试市场上人们对可溶解烟草制品和鼻烟的态度进行严格的监督，并给控烟专家提供相关数据，以制定相应的管制政策[30]。

对美国市场上使用卷烟及无烟烟草制品人群的国家级评估表明，这些同时使用两种产品的消费者一般是年轻白人男性，这和对鼻烟和可溶解烟草产品感兴趣的人群类型是一样的[164,165]。这些同时使用两种产品的消费者没有打算戒烟，并在不能吸烟的场所使用无烟烟草制品。鼻烟广告实际上鼓励同时使用卷烟和鼻烟，例如促使无烟烟草制品作为现有卷烟品牌的补充。同时使用两种产品对公众健康的影响尚不清楚，但可能会增加烟草相关发病率和死亡率的风险[24]。

最开始的可溶解烟草制品和鼻烟的 TSNA 含量比近期型号低[13,15,18,33]。因此，通过比较"Ariva"和医药烟碱贴片，两者烟草特有致癌物的含量是类似的[14]。在老鼠口腔黏膜变化的长期暴露实验中，所有 4 种无烟烟草制品都能引起异常；然而，"Stonewall"比传统的湿鼻烟引起的黏膜变化异常都要低，这和具有低亚硝胺含量的烟草可能引起人体较少的癌症发生率的推断是一致的[166]。例如鼻烟和可溶解产品等火燃烧型烟草制品相比卷烟传输更少烟碱，使其使用者避免暴露于 CO，表明较少的有害物质暴露[41]。然而，和传统无烟烟草制品相比，可溶解烟草制品中的 TSNA 和其他有害成分含量从低很多到含量相当的产品都存在[13,15-17]。

美国开展了一项国家级的有代表性的研究，这项研究选取了 1836 名有代表性的当前或以前吸烟者，并对替代烟草制品，如鼻烟和可溶解烟草制品的使用情况，以及这类产品的消费及戒烟目的和意愿之间的关系展开了研究。没有证据表明这些产品能够促进戒烟[167]。新型鼻烟即可溶解烟草制品通常在消除戒断症状方面不是特别有效[41,43]，尽管含有更多烟碱的口含型烟草制品在减少和停止卷烟抽吸方面比那些烟碱含量少的产品更有效。还需要开展研究来确定含有更多烟碱的鼻烟会使人上瘾，就像斯堪的纳维亚吸烟者使用鼻烟来戒烟那样[168]。许多研究表明，与烟碱疗法相比，使用这些产品的烟碱暴露量低，对烟碱渴望及戒断症状的缓解程度相当或更小[42]。在人们对这种产品的健康影响更了解之前，应该向那些渴望戒烟或使用低危害产品的消费者推荐烟碱疗法。

在欧洲，除瑞典外，烟草制品指令禁止了鼻烟。欧洲允许那些外观上和鼻烟类似但作为口嚼烟草制品售卖的新型产品。一些欧盟成员国正在讨论管制这类烟草制品。

戒烟领域的大多数研究人员认为，使用如鼻烟之类的低亚硝胺含量、非燃烧烟草制品能降低对那些完全转向消费此类产品的吸烟者的危害性[169]。例如，流行病学研究表明，只是用瑞典鼻烟和低的癌症风险有关[37,38]。一组专家对与使用低亚硝胺含量口含无烟烟草制品相关的死亡风险进行了综述，并得出结论：消费者的死亡风险相对平均值为 5%~9%，这取决于吸烟者的年龄[169]。和吸烟相关的平均风险约为：肺癌为 2%~3%，心脏病为 10%，口腔癌为 15%~30%。

专家估计，使用低烟碱无烟烟草制品消费者与吸烟者相比，其相对健康风险降低至少 90%。一组专家通过评估低亚硝胺含量无烟烟草制品对卷烟消费的潜在影响，总结认为，经过较好管制的无烟烟草制品的引入，可能只在一定程度上降低吸烟量，并增加美国对无烟气烟草制品的消费量[170]。然而，这种产品的影响力受多种因素的影响，如吸烟者使用该产品的意愿，扩大该产品消费人群的可能性，以及对该类产品化学物质的有力管制等。世界范围内的无烟烟草制品的致癌性特征不同，在那些地方市售产品中致癌化学成分含量较高的国家，如果要推广无烟烟草制品来进行减害，是不合适的[171-173]。对无烟烟草使用和疾病风险的流行病学研究的结果取决于所用的产品和研究的人群。此外，不同国家，其文化、社会和经济情况不同，推进减害策略的影响也不同，特别是在中低收入及高收入国家之间 [173]。

A1.7.2　卷烟和类卷烟装置

烟草公司开发出了很多种 PREP 卷烟和类似卷烟的装置，如那些加热非燃烧烟草制品。与传统卷烟相比，尽管这些产品中的一部分能够降低生物标志物水平，但不能明显降低疾病风险和致癌性。总的来说，这些产品的营销是失败的，很少人关注它们 [175]。然而，美国 "降低暴露量" 卷烟的营销在吸烟者之间引起了高度关注，这表示那些不愿意戒烟的 "关注健康" 的吸烟者以及重度吸烟者可能特别受烟草公司宣传的影响，这些产品也会成为他们戒烟的替代品 [176]。

从以前关于 "潜在降低暴露" 卷烟的综述文献中我们可以看到，这些产品通过加热而不是燃烧烟草，不能有效降低暴露量。这些产品一氧化碳的暴露量可能比传统卷烟还要高。此外，因为烟草烟气含有超过 4000 种化学成分，其中 69 种是已知致癌物，通过降低有限数量的致癌物含量，可能并不能够降低健康风险，并可能会影响烟气中其他致癌物的释放量水平 [175]。向卷烟滤嘴中引入新材料也引起类似的关注，这可能引入的新化合物对吸烟者健康风险的影响还未知。

一些地区市场中 "低焦油" 卷烟的流行也应受到关注。不同释放量卷烟的实际焦油暴露水平类似，也没有发现抽吸低焦油释放量卷烟有健康益处。然而，一些国家依旧在推行降焦策略，如中国。

低烟碱卷烟被认为是一种降低卷烟致癌性的有价值尝试，并会降低烟气有害成分的暴露量。吸烟者通过抽吸极低烟碱释放量的卷烟（< 0.05 mg），可能会使吸烟者补偿抽吸最低，卷烟消费量减少，成瘾性降低，并有利于戒烟[87]。然而，并不清楚这些常年的吸烟者会由于缺乏烟碱而进行补偿抽吸，因为所有的证据都是来自小规模实验。此外，"低烟碱"卷烟可能会误导消费者，使其认为这种卷烟"低害"或"更健康"。对烟草公司的资料进行详细阅读发现，这种对消费者认知上的误导是发展低烟碱卷烟的基础[80]。可以明显看到，烟草公司在寻找定义并引导一个"更健康"卷烟的新的市场，这个市场对那些"懒人"可能具有吸引力。当前低烟碱释放量卷烟很少，但是在不久的将来，其市场可能扩大。

细支烟这一新兴市场应受到关注，因为细支烟的外观主要为女性吸烟者设计，其外观容易被人误认为是一种低危害卷烟[96]。烟草公司在卷烟包装形状、大小及开口对消费者感知影响的文件表明，包装不仅和一流品质和顺和口感有关，还会影响消费者对减害的感知。此外，细的、圆形的、椭圆形的、小包装及一般的新包装对年轻人有特别的吸引力[177]。

含本草卷烟应受到关注，特别是在亚洲，该地区药用作物的使用已经持续了几个世纪，这使该地区的人们比其他本草接受度低的国家更容易受到这类产品健康声明的影响和误导；此外，亚洲媒体广泛引用那些未经证实的科学依据，来支持这类卷烟的健康声明。必须对这些声明进行充分研究和严格控制。

城市里的年轻男人，特别是学生，更容易使用那些替代产品，如比迪烟[108,178]。年轻人中比迪烟的使用率偏高可能是这种群体处于青春期，对新产品比较好奇的结果；因此，比迪烟可能是卷烟管制的一个尝试。戒烟及控烟必须考虑到这些新兴的产品。

水烟中的烟气在吸烟者吸入之前，首先通过甜的经调味的烟草，然后通过水。水烟消费量在普遍增长；这类产品传统上在非洲和中东地区很流行，现在正在传播到全世界。它在在校大学生中特别流行。应该开展不同年龄组的研究，以确定水烟的流行是否和年龄有关。水烟中含有许多卷烟中也有的大量的有害物质和致癌物；因此，水烟不是无害的，而是和包括癌症在内的许多疾病有关。需要特别关注水烟在有烟草和无烟草状态下的高一氧化碳释放量，因为一氧化碳主要是由于炭的燃烧引起的。使用水烟后的一氧化碳中毒事件也有报道。2013 年 10 月召开的首届国际水烟大会 [179] 为阻止水烟的全球化发展，提出了几项建议：对水烟抽吸及误解的教育和沟通；支持和评估阻止年轻人抽吸水烟及鼓励戒烟的计划；禁止调味水烟产品；在清洁室内空气法案中添加水烟的内容；更有效的警示标识，增加税收，限制年轻人获取水烟，禁止水烟广告以及营销行为。

欧洲已经出现了卷烟设计及营销行为的明显变化。宣称只含有自然烟草、不含添加剂的卷烟及细切烟草品牌已经在市场上存在多年。近期，如骆驼及 "Lucky Strike" 等大品牌也开始推出不含添加剂的品牌。这种趋势可能是由于人们对天然、有机产品的不断关注，以及卷烟添加剂和产品制作有关，且预计在将来烟草添加剂将会被更严厉地管制。有些卷烟产品在滤嘴中添加有胶囊，而这种胶囊能向烟气中释放调味剂，如薄荷醇等；然而，在正在制定中的新的烟草产品法令中，包括这种胶囊的添加剂可能不再允许添加到滤嘴中。具有 "较淡烟气气味" 的卷烟正在市场上销售，这可能提高不吸烟人群对吸烟的接受度。

不断增多的新型烟草制品正在或将要被推向市场，这些产品声称能够降低烟草烟气中的有害成分暴露量。这些 PREP 包括对烟草加工工艺、滤嘴及设计的改变。大多数支持这些产品减害声明的研究都是烟草公司开展并发表的。有一些证据证明，产品设计的改变，如加入 TSS、混合烟草的处理及不同类型的滤嘴（Diaion®CR20、碳纤维、醋酸纤维、CR20L 和聚合物碳纤维等），能够降低卷烟主流烟气中的有害物质及暴露生物标志物含量。最受关注的 PREP 是一种含有 20%TSS 和 80 mg 碳纤维滤嘴的卷烟，这种卷烟能够显著降低暴露生物标志物含量；然而，这些实验卷烟在大多数感官评析种类中的接受度和参比卷烟相比要接近或明显较低。这种卷烟在 4 周后的接受度又提高，但依然比参比卷烟稍低。当钛酸盐纳米颗粒加入到卷烟滤嘴中后，主流烟气中的有害物质释放量没有变化。活性炭滤嘴能够显著去除气相物中的化合物，如挥发性有机物、酚类化合物和 TSNA，但是在去除粒相物中的挥发性不强的成分时，其效果不太好。总的来说，和含有类似焦油和烟碱释放量的醋酸纤维滤嘴卷烟相比，抽吸活性炭滤嘴卷烟并不能降低一氧化碳及烟碱的释放量，但能显著降低烟气中的毒性相关成分，如丙烯醛、巴豆醛、1,3-丁二烯和苯。仅有几项研究对生物标志物进行了测定，而且所测定生物标志物的数量也很少。因为卷烟烟气中含有超过 5000 种化合物，仅测定一部分暴露生物标志物不足以评估卷烟主流烟气中的所有有害物质暴露量。效应生物标志物可能能够更好地判定降低卷烟主流烟气中的一部分有害成分能否降低烟草相关疾病。这种方法的局限性在于不能够判定能否通过降低卷烟主流烟气中的有害成分及暴露生物标志物释放量来降低疾病风险。尽管吸烟机模式下这些 PREP 主流烟气中的有害成分释放量比传统卷烟低，但还需要更多的研究来证明这些产品和低的健康风险有关。在评估 PREP 降低健康风险的效力时，必须考虑人们的抽吸行为，有害成分释放量，以及设计改变能否真正降低暴露量，还是仅仅是对安全性能的错误认识。

PREP 降低危害性的证据还不充分。吸烟机模式下主流烟气有害成分释放量的降低并不相应反映出暴露生物标志物的降低,而且还需要进一步研究暴露生物标志物和疾病风险之间的关系。

到目前为止,还没有足够证据表明当前市场上的改进型卷烟或加热不燃烧产品等是一种"减害"产品。Pankow 等使用风险评估模式对吸烟者转而消费 PREP 卷烟的结果进行评估,发现这种产品和传统卷烟相比,其肺癌发生率降低 2%。消费者没有接受任何一种含有烟草的替代卷烟产品,这些产品的市场周期都很短,所以不可能评估这些产品对吸烟引起死亡率和致病率的任何影响。必须对普通大众、政策制定者及卫生专家们进行培训教育。例如,对美国护士的一项烟草减害感知研究中,这些人普遍认为"淡"的卷烟和不含添加剂的卷烟相对安全,并还有一些其他对烟草的误解,这会使他(她)们在治病过程中对患者提供一些错误的建议[180]。

在烟草减害过程中,降低烟草制品有害成分暴露量及致瘾性都是很重要的。但是,必须注意的是,降低暴露量可能提供给消费者一个卷烟安全的错觉,进而可能推动卷烟消费,而降低致瘾性可能会导致补偿抽吸的发生。有研究表明,含有极低烟碱释放量的卷烟不会导致补偿抽吸,并可能是降低暴露量的一个可行的途径。一项就烟草制品致瘾性和有害性的健康影响研究建立了美国人口随时间的年龄及性别特征吸烟行为变化的计算模型,研究发现,烟草制品致瘾性及危害性的降低将会对公众健康及寿命产生重大影响[181]。

A1.8　结　论

在过去的十年里,进入全球市场的新型烟草制品及技术之间差异很大。烟草公司研究表明，在将来，会有更多的产品产生。需要开发能够评估这些新型烟草产品的更好的方法，进而开展相关研究，来为控烟提供指导，并了解这些产品对公众健康的影响。

大部分烟草制品对公众健康的影响是不清楚的。对这些产品的主要关注方面有：潜在的没有被发现的毒性；对新的消费者不断增强或持续的吸引力，对已戒烟者复吸的影响和现在可能戒烟的吸烟者的消费行为的影响；新型烟草制品和卷烟的同时使用；通过一种新型的"入门"烟草制品使人们开始吸烟，进而使之开始抽吸卷烟。

未来的研究需要关注新型烟草制品的毒性（通过产品分析、烟草相关暴露及毒性生物标志物的测定）、致瘾性及它们是如何被接受及消费的。这些研究成果将帮助决定这些产品是否会在一个人群水平降低或引起个体的危害。

A1.9　致　　谢

我们感谢荷兰国家公共卫生与环境研究所（RIVM，荷兰比尔特霍芬）健康防护中心 Anne Kienhuis 博士在水烟相关段落中的贡献。

我们感谢明尼苏达大学（美国明尼阿波利斯）Robert Carlson 先生在编辑方面给予的帮助。

感谢以下人士对背景文章撰写的贡献，感谢他（她）们在我们的问卷调查中给我们提供的其国家新型烟草制品的有价值的信息，他（她）们是：

瑞士联邦家庭事务部（伯尔尼）公共卫生办公室消费者保护委

员会 Michael Anderegg

西班牙平等、卫生与社会服务部（马德里）公共卫生、质量与改革理事会健康促进与流行病学处秘书长 Teresa Cepeda

新加坡卫生科学局应用科学组药学分部卷烟测试实验室 Nuan Ping Cheah

罗马尼亚卫生部（布加勒斯特）Magda Ciobanu

意大利卫生部（罗马）公共卫生与改革司 Daniela Galeone 博士

马耳他环境卫生部（瓦莱塔）环境卫生政策协作司 Dorianne Grech

印度 Healis Sekhsaria 公共卫生研究所（孟买）Prakash C. Gupta

德国化学品与兽医调查办公室（锡格马林根）Jürgen Hahn

爱沙尼亚国家卫生发展研究所（塔林）Tiiu Härm

芬兰国家卫生与福利研究所（赫尔辛基）Antero Heloma 博士

塞浦路斯卫生部医疗与公共卫生服务司（尼科西亚）Herodotos Herodotou

捷克共和国卫生部卫生服务司（布拉格）Lenka Kostelecka

芬兰国家福利与卫生监督管理局（赫尔辛基）Sofia Kuitunen 和 Linda-Maria Viitala

挪威卫生部（奥斯陆）Rita Lindbak

英国卫生部（伦敦）Lee McGill

瑞典国家公共卫生研究所（厄斯特松德）监督管理部 Karin Molander Gregory

南斯拉夫国家公共卫生研究所（萨格勒布）Ljiljana Musli 博士

葡萄牙国家烟草消费预防与控制计划健康理事会（里斯本）Emília Nunes

爱尔兰卫生部（都柏林）健康促进司 Helen O'Brien

巴西国家卫生监督管理局（巴西利亚）Andre Luiz Oliveira da Silva

斯洛伐克共和国卫生部（布拉迪斯拉发）欧盟事务与国际关系司 Stela Ondrušová

德国卫生与食品安全巴伐利亚州办公室（埃朗根）Helga Osiander-Fuchs 博士

土耳其烟草与酒精销售管制局（安卡拉）Nuray Akan Yaltirakli

A1.10　参 考 文 献

[1] Zeller M, Hatsukami D, Strategic Dialogue on Tobacco Harm Reduction Group.The Strategic Dialogue on Tobacco Harm Reduction: a vision and blueprint for action in the US. Tob Control 2009;18:324–32.

[2] Colilla S. An epidemiologic review of smokeless tobacco health effects and harm reduction potential. Regul Toxicol Pharmacol 2010;56:197–211.

[3] Hatsukami DK, Henningfield JE, Kotlyar M. Harm reduction approaches to reducing tobacco-related mortality. Annu Rev Public Health 2004;25:377–95.

[4] Statement of principles guiding the evaluation of new or modified tobacco products. Geneva: Scientific Advisory Committee on Tobacco Product Regulation, World Health Organization; 2003 (http://apps.

who.int/iris/handle/10665/42648,accessed October 2014).

[5] Southwell BG, Kim AE, Tessman GK, MacMonegle AJ, Choiniere CJ, Evans SE, et al. The marketing of dissolvable tobacco: social science and public policy research needs. Am J Health Promot 2012;26:331-2.

[6] Rainey CL, Conder PA, Goodpaster JV. Chemical characterization of dissolvable tobacco products promoted to reduce harm. J Agric Food Chem 2011;59:2745-51.

[7] Rainey CL, Berry JJ, Goodpaster JV. Monitoring changes in the chemical composition of dissolvable tobacco products. Anal Methods 2013;5:3216-21.

[8] Seidenberg AB, Rees VW, Connolly GN. RJ Reynolds goes international with new dissolvable tobacco products. Tob Control 2012;21:368-9.

[9] Centers for Disease Control and Prevention. State-specific secondhand smoke exposure and current cigarette smoking among adults—United States, 2008.Morbid Mortal Wkly Rep 2009;58(44).

[10] Romito LM, Saxton MK, Coan LL, Christen AG. Retail promotions and perceptions of RJ Reynolds' novel dissolvable tobacco in a US test market.Harm Reduction J 2011;8:10.

[11] Caraballo RS, Pederson LL, Gupta N. New tobacco products: do smokers like them? Tob Control 2006;15:39-44.

[12] Connolly GN, Richter P, Aleguas A, Pechachek TF, Stanfill SB, Alpert HR.Unintentional child poisonings through ingestion of conventional and novel tobacco products. Pediatrics 2010;125:896-9.

[13] Stepanov I, Jensen J, Hatsukami D, Hecht SS. Tobacco-specific

nitrosamines in new tobacco products. Nicotine Tob Res 2006;8:309–13.

[14] Mendoza-Baumgart MI, Tulunay OE, Hecht SS, Zhang Y, Murphy SE, Le CT, et al. Pilot study on lower nitrosamine smokeless tobacco products compared to medicinal nicotine. Nicotine Tob Res 2007; 9:1309–23.

[15] Stepanov I, Biener L, Knezevich A, Nyman AL, Bliss R, Jensen J, et al.Monitoring tobacco-specific N-nitrosamines and nicotine in novel Marlboro and Camel smokeless tobacco products: findings from round I of the New Product Watch. Nicotine Tob Res 2012;14:274–81.

[16] Watson C. Quantitative and qualitative analysis of dissolvable tobacco products. Report to the Food and Drug Administration Tobacco Scientific Advisory Committee, 18–22 January 2012. Rockville, Maryland: Food and Drug Administration; 2012.

[17] Stepanov I. Toxic and carcinogenic constituents in dissolvable tobacco products. Report to the Food and Drug Administration Tobacco Scientific Advisory Committee, 18–22 January 2012. Rockville, Maryland: Food and Drug Administration; 2012.

[18] Lawler TS, Stanfill SB, Zhang L, Ashley DL, Watson CH. Chemical characterization of domestic oral tobacco products: total nicotine, pH, unprotonated nicotine and tobacco-specific N-nitrosamines. Food Chem Toxicol 2013;57:380–6.

[19] Hatsukami DK, Jensen J, Anderson A, Broadbent B, Allen S, Zhang Y et al.Oral tobacco products: preference and effects among smokers.

Drug Alcohol Depend 2011;118:230-6.

[20] Kotlyar M, Hertsgaard LA, Lindgren BR, Jensen JA, Carmella SG, Stepanov I,et al. Effect of oral snus and medicinal nicotine in smokers on toxicant exposure and withdrawal symptoms: a feasibility study. Cancer Epidemiol Biomarkers Prev 2011;20:91-100.

[21] Connolly GN. The marketing of nicotine addiction by one oral snuff manufacturer. Tob Control 1995;4:73-9.

[22] Summary: TPSAC Report on Dissolvable Tobacco Products (Rep. No. March 1, 2012). Silver Spring, Maryland: Food and Drug Administration, Tobacco Scientific Advisory Committee; 2012.

[23] Biener L, Bogen K. Receptivity to Taboka and Camel Snus in a US test market.Nicotine Tob Res 2009;11:1154-9.

[24] Bahreinifar S, Sheon NM, Ling PM. Is snus the same as dip? Smokers'perceptions of new smokeless tobacco advertising. Tob Control 2013;22:84-90.

[25] Delnevo CD, Wackowski OA, Giovenco DP, Bover Manderski MT, Hrywna M,Ling PM. Examining market trends in the United States smokeless tobacco use:2005-2011. Tob Control 2013;22:266-73.

[26] Timberlake DS, Pechmann C, Tran SY, Au V. A content analysis of Camel Snus advertisements in print media.Nicotine Tob Res 2011;13:431-9.149.

[27] Gany F, Rastogi N, Suri A, Hass C, Bari S, Leng J. Smokeless tobacco: how exposed are our children? J Community Health 2013;38:750-2.

[28] Wackowski OA, Lewis MJ, Delnevo CD. Qualitative analysis of Camel Snus'website message board—users'product perceptions, insights

and online interactions. Tob Control 2011;20:e1.

[29] Choi K, Forster J. Awareness, perceptions, and use of snus among young adults from the upper Midwest region of the USA. Tob Control 2012;102:208893.

[30] Biener L, McCausland K, Curry L, Cullen J. Prevalence of trial of snus products among adult smokers. Am J Public Health 2011;101:1874-6.

[31] Loukas A, Batanova MD, Velazquez CE, Lang WJ, Sneden GG, Pasch KE, et al.Who uses snus? A study of Texas adolescents. Nicotine Tob Res 2012;14:626-30.

[32] Caraway JW, Chen PX. Assessment of mouth-level exposure to tobacco constituents in US snus consumers. Nicotine Tob Res 2013;15:670-7.

[33] Stepanov I, Jensen J, Biener L, Bliss RL, Hecht SS, Hatsukami DK. Increased pouch sizes and resulting changes in the amounts of nicotine and tobacco specific N-nitrosamines in single pouches of Camel Snus and Marlboro Snus.Nicotine Tob Res 2012;14:1241-5.

[34] Stepanov I, Jensen J, Hatsukami D, Hecht SS. New and traditional smokeless tobacco: comparison of toxicant and carcinogen levels. Nicotine Tob Res 2008;10:1773-82.

[35] Digard H, Gale N, Errington G, Peters N, McAdam K. Multi-analyte approach for determining the extraction of tobacco constituents from pouched snus by consumers during use. Chem Central J 2013;7:55.

[36] Sarkar M, Liu J, Koval T, Wang J, Feng S, Serafin R, et al. Evaluation of biomarkers of exposure in adult cigarette smokers using Marlboro Snus. Nicotine Tob Res 2010;12:105-16.

[37] Foulds J, Ramstrom L, Burke M, Fagerstrom K. Effect of smokeless

tobacco(snus) on smoking and public health in Sweden. Tob Control 2003;12:349–59.

[38] Luo J, Ye W, Zandehdel K, Adami J, Adami HO, Boffetta P, et al. Oral useof Swedish moist snuff (snus) and risk for cancer of the mouth, lung, and pancreas in male construction workers: a retrospective cohort study. Lancet 2007;369:2015–20.

[39] Greer RO Jr. Oral manifestations of smokeless tobacco use. Otolaryngol Clin N Am 2011;44:31–56.

[40] Health effects of smokeless tobacco products. Brussels: European Commission, Scientific Committee on Emerging and Newly Identified Health Risks; 2008.

[41] Cobb CO, Weaver MF, Eissenberg T. Evaluating the acute effects of oral, non-combustible potential reduced exposure products marketed to smokers. Tob Control 2010;19:367–373.

[42] Kotlyar M, Mendoza-Baumgart MI, Li Z, Pentel PR, Barnett BC, Feuer RM, et al. Nicotine pharmacokinetics and subjective effects of three potential reduced exposure products, moist snuff and nicotine lozenge. Tob Control 2007;16:138–42.

[43] Blank MD, Eissenberg T. Evaluating oral noncombustible potential-reduced exposure products for smokers. Nicotine Tob Res 2010; 12:336–43.

[44] European Commission. Directive 2001/37/EC of the European Parliament and of the Council of 5 June 2001 on the approximation of the laws, regulations and administrative provisions of the Member States, concerning the manufacture,presentation and sale of tobacco

products. Off J L 2013;194:26.

[45] Hughes JR, Keely JP, Callas PW. Ever users versus never users of a "less risky" cigarette. Psychol Addictive Behav 2005;19:439–42.

[46] Breland AB, Evans SE, Buchhalter AR, Eissenberg T. Acute effects of Advance:a potential reduced exposure product for smokers. Tob Control 2002;11:376–8.

[47] Brown B, Kolesar J, Lindberg K, Meckley D, Mosberg A, Doolittle D. Comparative studies of DNA adduct formation in mice following dermal application of smoke condensates from cigarettes that burn or primarily heat tobacco. Mutat Res 1998;414:21–30.

[48] Buchhalter AR, Schrinel L, Eissenberg T. Withdrawal-suppressing effects of a novel smoking system: comparison with own brand, not own brand, and denicotinized cigarettes. Nicotine Tob Res 2001;3:111–8.

[49] Tarantola A. Ploom model Two E-Cig review: welcome to flavor country.Gizmodocom; 2013 (http://gizmodo.com/ploom-modeltwo-e-cig-review-welcome -to-flavor-country-586563052, accessed October 2014).

[50] Breland AB, Acosta MC, Eissenberg T. Tobacco specific nitrosamines and potential reduced exposure products for smokers: a preliminary evaluation of Advance™. Tob Control 2003;12:317–21.

[51] Pankow JF, Watanabe KH, Toccalino PL, Luo W, Austin DF. Calculated cancer risks for conventional and "potentially reduced exposure product" cigarettes.Cancer Epidemiol Biomarkers Prev 2007;16:584–592.

[52] Hughes JR, Hecht SS, Carmella SG, Murphy SE, Callas P. Smoking behavior and toxin exposure during six weeks use of a "less risky" cigarette—Omni. Tob Control 2004;13:175-9.

[53] Rees VW, Wayne GF, Connolly GN. Puffing style and human exposure minimally alltered by switching to a carbon-filtered cigarette. Cancer Epidemiol Biomarkers Prev 2008;17:2995-3003.

[54] Shiffman S, Pillitteri JL, Burton SL, DiMarino ME. Smoker and ex-smoker reactions to cigarettes claiming reduced risk. Tob Control 2004;13:78-84.

[55] Shiffman S, Jarvis MJ, Pillitteri JL, DiMarino ME, Gitchell JG, Kemper KE.UK smokers' and ex-smokers' reactions to cigarettes promising reduced risk.Addiction 2007;102:156-60.

[56] Lee EM, Malson JL, Moolchan ET, Pickworth WB. Quantitative comparisons between a nicotine delivery device (Eclipse) and conventional cigarette smoking.Nicotine Tob Res 2004;6:95-102.

[57] Stabbert R, Voncken P, Rustemeier K, Haussmann HJ, Roemer E, Schaffernicht H, et al. Toxicological evaluation of an electrically heated cigarette. Part 2:Chemical composition of mainstream smoke. J Appl Toxicol 2003;23:329-39.

[58] Fowles J. Novel tobacco products: health risk implications and international concerns(Client report FW0175). Auckland: Ministry of Health; 2001 (www.moh.govt.nz/moh.nsf/.../ noveltobaccoproductshealthrisk.doc, accessed October 2014).

[59] Breland AB, Kleykamp BA, Eissenberg T. Clinical laboratory evaluation of potential reduced exposure products for smokers.

Nicotine Tob Res 2006;8:738.

[60] Ayres PH, Hayes JR, Higuchi MA, Mosberg AT, Sagartz JW. Subchronic inhalation by rats of mainstream smoke from a cigarette that primarily heats tobacco compared to a cigarette that burns tobacco. Inhal Toxicol 2001;13:149–86.

[61] Bowman DL, Smith CJ, Bombick BR, Avalos JT, Davis RA, Morgan WT, et al.Relationship between FTC "tar" and urine mutagenicity in smokers of tobacco burning or Eclipse cigarettes. Mutat Res 2002;521:137–49.

[62] Slade J, Connolly GN, Lymperis D. Eclipse: does it live up to its health claims?Tob Control 2002;11(Suppl 2):ii64–70.

[63] Fagerstrom KO, Hughes JR, Callas PW. Long-term effects of the Eclipse cigarette substitute and the nicotine inhaler in smokers not interested in quitting.Nicotine Tob Res 2002;4(Suppl 2):S141–5.

[64] Fagerstrom KO, Hughes JR, Rasmussen T, Callas PW. Randomised trial investigating effect of a novel nicotine delivery device (Eclipse) and a nicotine oral inhaler on smoking behaviour, nicotine and carbon monoxide exposure, and motivation to quit. Tob Control 2000;9:327–33.

[65] Rennard SI, Umino T, Millatmal T, Daughton DM, Manouilova LS, Ullrich FA, et al. Evaluation of subclinical respiratory tract inflammation in heavy smokers who switch to a cigarette-like nicotine delivery device that primarily heats tobacco.Nicotine Tob Res 2002;4:467–76.

[66] Stewart JC, Hyde RW, Boscia J, Chow MY, O'Mara RE, Perillo I, et al.

Changes in markers of epithelial permeability and inflammation in chronic smokers switching to a nonburning tobacco device (Eclipse). Nicotine Tob Res 2006;8:773–83.

[67] Breland AB, Buchhalter AR, Evans SE, Eissenberg T. Evaluating acute effects of potential reduced-exposure products for smokers: clinical laboratory methodology. Nicotine Tob Res 2002;4(Suppl 2):S131–40.

[68] Hatsukami DK, Lemmonds C, Zhang Y, Murphy SE, Le C, Carmella SG et al.Evaluation of carcinogen exposure in people who used "reduced exposure" tobacco products. J Natl Cancer Inst 2004;96:844–52.

[69] Lin S, Tran V, Talbot P Comparison of toxicity of smoke from traditional and harm-reduction cigarettes using mouse embryonic stem cells as a novel model for preimplantation development. Hum Reprod 2009;24:386–97.

[70] Riveles K, Tran V, Roza R, Kwan D, Talbot P. Smoke from traditional commercial,harm reduction and research brand cigarettes impairs oviductal functioning in hamsters (Mesocricetus auratus) in vitro. Hum Reprod 2007;22:346–55.

[71] Benowitz NL. Compensatory smoking of low-yield cigarettes. In: Risks Associated with Smoking Cigarettes with Low Machine-measured Yields of Tar and Nicotine (Smoking and Tobacco Control Monograph No. 13). Bethesda,Maryland: US Department of Health and Human Services, National Institutes of 152Health, National Cancer Institute; 2001:39–63.

[72] Harris JE, Thun MJ, Mondul AM, Calle EE. Cigarette tar yields in

relation to mortality from lung cancer in the Cancer Prevention Study II prospective cohort,1982–8. BMJ 2004;328:72–9.

[73] Hecht SS, Murphy SE, Carmella SG, Li S, Jensen J, Le C, et al. Similar uptake of lung carcinogens by smokers of regular, light, and ultra-light cigarettes. Cancer Epidemiol Biomarkers Prev 2005;14:693–8.

[74] Yang G Marketing "less harmful, low-tar" cigarettes is a key strategy of the industry to counter tobacco control in China. Tob Control 2013;23:167–72.

[75] Djordjevic MV, Stellman SD, Zang E. Doses of nicotine and lung carcinogens delivered to cigarette smokers. J Natl Cancer Inst 2000;92:106–11.

[76] Benowitz NL. Clinical pharmacology of nicotine: implications for understanding,preventing, and treating tobacco addiction. Clin Pharmacol Ther 2008;83:531–41.

[77] Benowitz NL. Pharmacology of nicotine: addiction, smoking-induced disease,and therapeutics. Annu Rev Pharmacol Toxicol 2009;49:57–71.

[78] Strasser AA, Ashare RL, Kozlowski LT, Pickworth WB. The effect of filter vent blocking and smoking topography on carbon monoxide levels in smokers.Pharmacol Biochem Behav 2005;82:320–9.

[79] Hatsukami DK, Kotlyar M, Hertsgaard LA, Zhang Y, Carmella SG, Jensen JA et al. Reduced nicotine content cigarettes: effects on toxicant exposure,dependence and cessation. Addiction 2010;105:343–55.

[80] Dunsby J, Bero L. A nicotine delivery device without the

nicotine?Tobacco industry development of low nicotine cigarettes. Tob Control 2004;13:362-9.

[81] Shadel WG, Lerman C, Cappella J, Strasser AA, Pinto A, Hornik R. Evaluating smokers' reactions to advertizing for new lower nicotine Quest cigarettes.Psychol Addict Behav 2006;20:80-4.

[82] Benowitz NL, Jacob P III, Herrera B. Nicotine intake and dose response when smoking reduced-nicotine content cigarettes. Clin Pharmacol Ther 2006;80:703-14.

[83] Benowitz NL, Hall SM, Stewart S, Wilson M, Dempsey D, Jacob P III. Nicotine and carcinogen exposure with smoking of progressively reduced nicotine content cigarettes. Cancer Epidemiol Biomarkers Prev 2007;16:2479-85.

[84] Benowitz NL, Dains KM, Hall SM, Stewart S, Wilson M, Dempsey D, et al.Smoking behavior and exposure to tobacco toxicants during 6 months of smoking progressively reduced nicotine content cigarettes. Cancer Epidemiol Biomarkers Prev 2012;21:761-9.

[85] Catanzaro DF, Zhou Y, Chen R, Yu F, Catanzaro SE, DeLorenzo MS et al.Potentially reduced exposure cigarettes accelerate atherosclerosis: evidence for the role of nicotine. Cardiovasc Toxicol 2007;7:192-201.

[86] Chen J, Higby R, Tian D, Tan D, Johnson MD, Xiao Y et al. Toxicological analysis of low-nicotine and nicotine-free cigarettes. Toxicology 2008;249:194-203.

[87] Hatsukami DK, Hertsgaard LA, Vogel RI, Jensen JA, Murphy SE, Hecht SS et al. Reduced nicotine content cigarettes and nicotine patch. Cancer Epidemiol Biomarkers Prev 2013;22:1015-24.

[88] Girdhar G, Xu S, Bluestein D, Jesty J. Reduced-nicotine cigarettes increase platelet activation in smokers in vivo: a dilemma in harm reduction. Nicotine Tob Res 2008;10:1737–44.

[89] Lin S, Fonteno S, Weng JH, Talbot P. Comparison of the toxicity of smoke from conventional and harm reduction cigarettes using human embryonic stem cells.Toxicol Sci 2010;118:202–12.

[90] Benowitz NL, Henningfield JE. Establishing a nicotine threshold for addiction—the implications for tobacco regulation. N Engl J Med 1994;331:123–5.

[91] Rose JE, Behm FM. Effects of low nicotine content cigarettes on smoke intake.Nicotine Tob Res 2004;6:309–19.

[92] Strasser AA, Lerman C, Sanborn PM, Pickworth WB, Feldman EA. New lower nicotine cigarettes can produce compensatory smoking and increased carbon monoxide exposure. Drug Alcohol Depend 2007;86:294–300.

[93] Walker N, Howe C, Bullen C, Grigg M, Glover M, McRobbie H, et al. The combined effect of very low nicotine content cigarettes, used as an adjunct to usual Quitline care (nicotine replacement therapy and behavioural support), on smoking cessation: a randomized controlled trial. Addiction 2012;107:1857–67.

[94] Rose JE, Behm FM, Westman EC, Kukovich P. Precessation treatment with nicotine skin patch facilitates smoking cessation. Nicotine Tob Res 2006;8:89–101.

[95] Donny EC, Jones M. Prolonged exposure to denicotinized cigarettes with or without transdermal nicotine. Drug Alcohol Depend

2009;104:23–33.

[96] Siu M, Mladjenovic N, Soo E. The analysis of mainstream smoke emissions of Canadian "super slim" cigarettes. Tob Control 2012;22:e10.

[97] Hammond D, Doxey J, Daniel S, Bansal-Travers M. Impact of female-oriented cigarette packaging in the United States. Nicotine Tob Res 2011;13:579–88.

[98] European Commission. Directive 2014/40/EU of the European Parliament and of the Council of 3 April 2014 on the approximation of the laws, regulations and administrative provisions of the Member States concerning the manufacture,presentation and sale of tobacco and related products and repealing Directive 2001/37/EC Text with EEA relevance. Off J L 2014;127:1–38.

[99] Richardson A, Vallone DM. YouTube: a promotional vechicle for little cigars and cigarillos? Tob Control 2012;23:21–6.

[100]Kozlowski LT, Dollar KM, Giovino GA. Cigar/cigarillo surveillance: limitations of the US Department of Agriculture system. Am J Prev Med 2008;34:424–6.

[101]Maxwell JC. The Maxwell report.Cigar industry in 2008.Richmond, Virginia;2008.

[102]Richardson A, Xiao H, Vallone DM. Primary and dual users of cigars and cigarettes: profiles, tobacco use patterns, and relevance to policy. Nicotine Tob Res 2012;14:927–32.

[103]Family Smoking Prevention and Tobacco Control Act (7-22-2009). Public Law 11-31, H.R. 1256. Washington DC: Government Printing

Office, US Congress; 2009154(http://www.gpo.gov/fdsys/pkg/PLAW-111publ31/pdf/PLAW-111publ31.pdf,accessed October 2014).

[104] Villanti AC, Richardson A, Vallone DM, Rath JM. Flavored tobacco product use among US young adults. Am J Prev Med 2013;44:388–91.

[105] Little cigars—big concerns. Ottawa: Health Canada; 2011.

[106] Henningfield JE, Fant RV, Radzius A, Frost S. Nicotine concentration, smoke pH and whole tobacco aqueous pH of some cigar brands and types popular in the United States. Nicotine Tob Res 1999;1:163–8.

[107] Chen A, Glantz S, Tong E. Asian herbal-tobacco cigarettes: "not medicine but less harmful"? Tob Control 2007;16:e3.

[108] Soldz S, Huyser DJ, Dorsey E. Characteristics of users of cigares, bidis, and kreteks and the relationship to cigarette use. Prev Med 2003;37:250–8.

[109] Watson CH, Polzin GM, Calafat AM, Ashley DL. Determination of tar, nicotine,and carbon monoxide yields in the smoke of bidi cigarettes. Nicotine Tob Res 2003;5:747–53.

[110] Delnevo CD, Pevzner ES, Hrywna M, Lewis MJ.Bidi cigarette use among young adults in 15 states. Prev Med 2004;39:207–11.

[111] Waterpipe tobacco smoking: health effects, research needs and recommended actions by regulators. Geneva: World Health Organization; 2005.

[112] Vattenpipa—rök utan risk? Hälsoeffekter, vanor, attityder och tillsyn [Hookah—smoke without risk? Health effects, habits, attitudes and supervision]. Östersund:Statens Folkhälsoinstitut; 2010.

[113] Morton J, Song Y, Fouad H, Awa FE, Abou El Naga R, Zhao L, et al. Cross-country comparison of waterpipe use: nationally representative data from 13 low and middle-income countries from the Global Adult Tobacco Survey (GATS).Tob Control 2013;23:419–27.

[114] Maziak W. The global epidemic of waterpipe smoking. Addict Behav 2011;36:1–5.

[115] Akl EA, Gunukula SK, Aleem S, Obeid R, Abou Jaoude P, Honeine R, et al.The prevalence of waterpipe tobacco smoking among the general and specific populations: a systemic review. BMC Public Health 2011;11:244.

[116] Attitudes of Europeans towards tobacco (Special Eurobarometer 385, Wave EB77.1). Brussels: European Commission; 2012.

[117] Jawad M, Abass J, Hariri A, Rajasooriar KG, Salmasi H, Millett C, et al. Waterpipe smoking: prevalence and attitudes among medical students in London. Int J Tuberc Lung Dis 2013;17:137–40.

[118] Schubert J, Hahn J, Dettbarn G, Seidel A, Luch A, Schulz TG. Mainstream smoke of the waterpipe: does this environmental matrix reveal as significant source of toxic compounds? Toxicol Lett 2011;205:279–84.

[119] Al Rashidi M, Shihadeh A, Saliba NA. Volatile aldehydes in the mainstream smoke of the narghile waterpipe. Food Chem Toxicol 2008;46:3546–9.

[120] Cobb CO, Shihadeh A, Weaver MF, Eissenberg T. Waterpipe tobacco smoking and cigarette smoking: a direct comparison of toxicant exposure and subjective155 effects. Nicotine Tob Res 2011;11:78–87.

[121]La Fauci G, Weiser G, Steiner IP, Shavit I. Carbon monoxide poisoning in nagrhile (water pipe) tobacco smokers. Can J Emerg Med 2012;14:57–9.

[122] Jacob P III, Abu Raddaha AH, Dempsey D, Havel C, Peng M, Yu L, et al.Comparison of nicotine and carcinogen exposure with water pipe and cigarette smoking. Cancer Epidemiol Biomarkers Prev 2013;22:765–72.

[123]IARC monographs on the evaluation of carcinogenic risks to humans. Vol. 71,Re-evaluation of some organic chemicals, hydrazine and hydrogen peroxide.Lyon: International Agency for Research on Cancer; 1999.

[124]IARC monographs on the evaluation of carcinogenic risks to humans. Vol.88, Formaldehyde, 2-butoxyethanol and 1-tert-butoxypropan-2-ol. Lyon:International Agency for Research on Cancer; 2006.

[125] Maziak W, Eissenberg T, Ward KD. Patterns of waterpipe use and dependence:implications for intervention development. Pharmacol Biochem Behav 2005;80:173–9.

[126] Lipkus IM, Eissenberg T, Schwartz-Bloom RD, Prokhorov AV, Levy J. Affecting perceptions of harm and addiction among college waterpipe tobacco smokers.Nicotine Tob Res 2011;13:599–610.

[127] Menthol capsules in cigarette filters—incrreasing the attractiveness of a harmful product. Heidelberg: German Cancer Research Center; 2012.

[128] Addictiveness and Attractiveness of Tobacco Additives. Brussels:

European Commission, Scientific Committee on Emerging and Newly Identified Health Risks; 2010.

[129] Tobacco additives. Bilthoven: National Institute for Public Health and the Environment; 2012.

[130] Soeteman-Hernandez LG, Bos PM, Talhout R. Tobacco smoke-related health effects induced by 1,3-butadiene and strategies for reduction. Toxicol Sci 2013;136:566–80.

[131] Kennedy RD, Millstein RA, Rees VW, Connolly GN. Tobacco industry strategies to minimize or mask cigarette smoke: opportunities for tobacco product regulation. Nicotine Tob Res 2013;15:596–602.

[132] Marian C, O'Connor RJ, Djordjevic MV, Rees VW, Hatsukami DK, Shields PG. Reconciling human smoking behavior and machine smoking patterns:implications for understanding smoking behavior and the impact on laboratory studies. Cancer Epidemiol Biomarkers Prev 2009;18:3305–20.

[133] Burns DM, Dybing E, Gray N, Hecht S, Anderson C, Sanner T et al. Mandated lowering of toxicants in cigarette smoke: a description of the World Health Organization TobReg proposal. Tob Control 2008;17:132–41.

[134] Mulier T. Philip Morris to introduce lower-risk cigarette by 2017. Bloombergcom;2013(http://www.bloomberg.com/news/2012-06-21/philip-morris-to-introducenext-generation-cigarette-by-7.html, accessed October 2014).

[135] Smeltsigaret op komst [Melt cigarette arriving]. SP!TS; 2013 (http://

www.156 spitsnieuws.nl/archives/binnenland/2013/10/smeltsigaret-op-komst, accessed 5October 2013).

[136] Rees VW, Kreslake JM, O'Connor RJ, Cummings KM, Parascandola M,Hatsukami D, et al. Methods used in internal industry clinical trials to assess tobacco risk reduction. Cancer Epidemiol Biomarkers Prev 2009;18:3196–208.

[137] Kleinstreuer C, Feng Y. Lung deposition analyses of inhaled toxic aerosols in conventional and less harmful cigarette smoke: a review. Int J Environ Res Public Health 2013;10:4454–85.

[138] McAdam KG, Gregg EO, Liu C, Dittrich DJ, Duke MG, Proctor CJ. The use of a novel tobacco-substitute sheet and smoke dilution to reduce toxicant yields in cigarette smoke. Food Chem Toxicol 2011;49:1684–96.

[139] Fearon IM, Acheampong DO, Bishop E. Modification of smoke toxicant yields alters the effects of cigarette smoke extracts on endothelial migration: an in vitro study using a cardiovascular disease model. Int J Toxicol 2012;31:572–83.

[140] Fearon IM, Gaca MD, Nordskog BK. In vitro models for assessing the potential cardiovascular disease risk associated with cigarette smoking. Toxicol in Vitro 2013;27:513–22.

[141] St Charles FK, McAughey J, Shepperd CJ. Methodologies for the quantitative estimation of toxicant dose to cigarette smokers using physical, chemical, and bioanalytical data. Inhal Toxicol 2013; 25:363–72.

[142] Liu C, DeGrandpre Y, Porter A, Griffiths A, McAdam K, Voisine R,

et al. The use of a novel tobacco treatment process to reduce toxicant yields in cigarette smoke. Food Chem Toxicol 2011;49:1904–17.

[143] Shepperd CJ, Eldridge A, Camacho OM, McAdam K, Proctor CJ, Meyer I.Changes in levels of biomarkers of exposure observed in a controlled study of smokers switched from conventional to reduced toxicant prototype cigarettes.Regul Toxicol Pharmacol 2013;66:147–62.

[144] McAdam KG, Gregg EO, Bevan M, Dittrich DJ, Hemsley S, Liu C, et al. Design and chemical evaluation of reduced machine-yield cigarettes. Regul Toxicol Pharmacol 2012;62:138–50.

[145] Branton PJ, McAdam KG, Winter DB, Liu C, Duke MG, Proctor CJ. Reduction of aldehydes and hydrogen cyanide yields in mainstream smoke using an amine functionalised ion exchange resin. Chem Central J 2011;5:15.

[146] Deng Q, Huang C, Xie W, Xu H, Wei M. Significant reduction of harmful compounds in tobacco smoke by the use of titanite nanosheets and nanotubes.Chem Commun (Camb) 2011;47:6153–5.

[147] Deng Q, Huang C, Zhang J, Xie W, Xu H, Wei M. Selectively reduction of tobacco specific nitrosamines in cigarette smoke by use of nanostructural titanates.Nanoscale 2013;5:5519–23.

[148] Polzin GM, Zhang L, Hearn BA, Tavakoli AD, Vaughan C, Ding YS, et al. Effect of charcoal-containing cigarette filters on gas phase volatile organic compounds in mainstream cigarette smoke. Tob Control 2008;17(Suppl 1):i10–6.

[149] Hearn BA, Ding YS, Vaughan C, Zhang LQ, Polzin G, Caudill SP,

et al. Semi-volatiles in mainstream smoke delivery from select charcoal-filtered cigarette brand variants. Tob Control 2010;19:223–30.

[150] Scherer G, Urban M, Engl J, Hagedorn HW, Riedel K. Influence of smoking charcoal filter tipped cigarettes on various biomarkers of exposure. Inhal Toxicol 2006;18:821–9.

[151] Foulds J, Furberg H. Is low-nicotine Marlboro snus really snus? Harm Reduction J 2008;5:9.

[152] Carpenter CM, Connolly GN, Ayo-Yusuf OA, Wayne GF. Developing smokeless tobacco products for smokers: an examination of tobacco industry documents.Tob Control 2009;18:54–9.

[153] Rees VW, Kreslake JM, Cummings KM, O'Connor RJ, Hatsukami DK,Parascandola M, et al. Assessing consumer responses to potential reduced-exposure tobacco products: a review of tobacco industry and independent research methods. Cancer Epidemiol Biomarkers Prev 2009;18:3225–40.

[154] Mejia AB, Ling PM. Tobacco industry consumer research on smokeless tobacco users and product development. Am J Public Health 2010;100:78–87.

[155] Parascandola M, Augustson E, Rose A. Characteristics of current and recent former smokers associated with the use of new potential reduced-exposure tobacco products. Nicotine Tob Res 2009;11:1431–8.

[156] Regan AK, Dube SR, Arrazola R. Smokeless and flavored tobacco products in the US 2009 Styles survey results. Am J Prev Med

2012;42:29-36.

[157] Wray RJ, Jupka K, Berman S, Zellin S, Vijaykumar S. Young adults'
perceptions about established and emerging tobacco products:
results from eight focus groups. Nicotine Tob Res 2012;14:184-90.

[158] Shaikh RA, Siahpush M, Singh GK. Socioeconomic, demographic
and smoking-related correlates of the use of potentially reduced
exposure to tobacco products in a national sample. Tob Control
2013;23:353-8.

[159] Choi K, Fabian L, Mottey N, Corbett A, Forster J. Young adults'
favorable perceptions of snus, dissolvable tobacco products, and
electronic cigarettes:findings from a focus group study. Am J Public
Health 2012;102:2088-93.

[160] O'Connor RJ, Hyland A, Giovino GA, Fong GT, Cummings KM.
Smoker awareness of and beliefs about supposedly less-harmful
tobacco products. Am J Prev Med 2005;29:85-90.

[161] O'Connor RJ, McNeill A, Borland R, Hammond D, King B,
Boudreau C, et al.Smokers' beliefs about the relative safety of other
tobacco products: findings from the ITC Collaboration. Nicotine
Tob Res 2007;9:1033-42.

[162]Pederson LL, Nelson DE. Literature review and summary of
perceptions,attitudes, beliefs, and marketing of potentially reduced
exposure products:communication implications. Nicotine Tob Res
2007;9:525-34.

[163]O'Connor RJ, Norton KJ, Bansal-Traves M, Mahoney MC,
Cummings KM,Borland R. US smokers' reactions to a brief trial of

oral nicotine products. Harm Reduction J 2011;8:1.

[164] Tomar SL, Alpert HR, Connolly GN. Patterns of dual use of cigarettes and smokeless tobacco among US males: findings from national surveys. Tob Control 2010;19:104–9.

[165] McClave-Regan AK, Berkowitz J. Smokers who are also using smokeless tobacco products in the US: a national assessment of characteristics, behaviours and beliefs of "dual users". Tob Control 2011;20:239–42.

[166] Schwartz JL, Brunnemann KD, Adami AJ, Panda S, Gordon SC, Hoffmann D,et al. Brand specific responses to smokeless tobacco in a rat lip canal model. J Oral Pathol Med 2010;39:453–9.

[167] Popova L, Ling PM. Alternative tobacco product use and smoking cessation: a national study. Am J Public Health 2013;103:923–30.

[168] Lund KE, McNeill A, Scheffels J. The use of snus for quitting smoking compared with medicinal products. Nicotine Tob Res 2010;12:817–22.

[169] Levy DT, Mumford EA, Cummings KM, Gilpin EA, Giovino G, Hyland A, et al.The relative risks of a low-nitrosamine smokeless tobacco product compared with smoking cigarettes: estimates of a panel of experts. Cancer Epidemiol Biomarkers Prev 2004;13:2035–42.

[170] Levy DT, Mumford EA, Cummings KM, Gilpin EA, Giovino GA, Hyland A, et al. The potential impact of a low-nitrosamine smokeless tobacco product on cigarette smoking in the United States: Estimates of a panel of experts. Addict Behav 2006;31:1190–200.

[171] Hatsukami DK, Lemmonds C, Tomar SL. Smokeless tobacco use: harm reduction or induction approach? Prev Med 2004;38:309–17.

[172] Bedi R, Scully C. Tobacco control—debate on harm reduction enters new phase as India implements public smoking ban. Lancet Oncol 2008;9:1122–3.

[173] Ayo-Yusuf OA, Burns DM. The complexity of "harm reduction" with smokeless tobacco as an approach to tobacco control in low-income and middle-income countries. Tob Control 2012;21:245–51.

[174] Benowitz NL. Smokeless tobacco as a nicotine delivery device: harm or harm reduction? Clin Pharmacol Ther 2011;90:491–3.

[175] McNeill A, Hammond D, Gartner C. Whither tobacco product regulation? Tob Control 2012;21:221–6.

[176] Parascandola M, Augustson E, O'Connell ME, Marcus S. Consumer awareness and attitudes related to new potential reduced-exposure tobacco product brands. Nicotine Tob Res 2009;11:886–95.

[177] Kotnowski K, Hammond D. The impact of cigarette pack shape, size and opening:evidence from tobacco company documents. Addiction 2013;108:1658–68.

[178] Tomar SL. Trends and patterns of tobacco use in the United States. Am J Med Sci 2003;326:248–54.

[179] Declaration. First International Conference on Waterpipe Tobacco Smoking:Building Evidence for Intervention and Policy. Abu Dhabi: American University of Beirut, NYU Abu Dhabi; 2013.

[180] Borrelli B, Novak SP. Nurses' knowledge about the risk of light cigarettes and other tobacco "harm reduction" strategies. Nicotine

Tob Res 2007;9:653–61.

[181] Ahmad S, Billimek J. Estimating the health impacts of tobacco harm
　　　 reduction policies: a simulation modeling approach. Risk Anal
　　　 2005;24:801–12.

附录　包括潜在"减害"产品在内的新型烟草制品调查问卷

　　本调查问卷是在撰写 WHO TobReg 第七次会议的背景文章的时候准备的，名为"包括潜在'减害'产品在内的新型烟草制品发展研究和监督"。本调查问卷受 WHO TFI 委托分配。本调查问卷的目的之一是提供一个地区及国家水平上的包括但不仅限于烟草制品成分、销售、广告及发展的可行性、政策及管制情况。为了达到这个目的，我们诚挚地要求您能够完成下列的调查问卷。您提供的任何信息都对我们的研究有帮助，并使未来基于科学证据的相关产品的管制成为可能。

　　如果您不能或不想回答下列所有问题，可不回答。请确定您是否想要您的（部分）信息进行保密处理。我们欢迎其他关于这些问题但不在本调查问卷中包含的任何信息。

　　我们想知道含有烟草及符合以下原则中的一条或多条的产品信息：

- 不只是传统 / 常规卷烟、雪茄、烟斗、自卷烟或口含烟的其他改变或添加调料的产品；
- 拥有新技术和 / 或宣称减害的产品；

- 已经在市场上存在超过 15 年（如可溶性烟草），且在近年来加以强化的产品；
- 已经在市场上存在很长时间，但在不将其作为传统烟草制品的市场里，其份额增加的产品（如水烟和鼻烟）。

举例说明我们感兴趣的产品：

- 名为"Thunder"的嚼烟。这种产品经高度调味，并装入到圆形的塑料罐中，由丹麦 V2 烟草公司制造。
- "Dutch Magic"。这种卷烟烟草中不含有烟碱，但其焦油释放量和普通卷烟类似（不是"低焦油"卷烟）。
- 可溶性烟草制品。
- 可能或宣传的"减害"产品，如亚硝胺释放量较低的卷烟。

问卷：

基本情况

国家

联系人

联系方式（电话或邮箱）

在过去的几年内，哪种新型或改进型烟草产品在商店里或通过互联网、新闻、执照申请或其他途径引起了您的注意？

对于每种产品，请回答以下问题：

如果可能的话，请提供能证明所提供信息的参考文献或资料，如有广告、讨论或有市场份额报告的产品的网址等。

产品描述：

1.品牌名称（如"Thunder"）；

2.制造商（如丹麦 V2 烟草公司）；

3.制造商所标注的烟草类型（如"嚼烟"）；

4. 产品描述（如这类烟草产品调味浓郁）；

5. 包装（如圆形塑料罐包装，含有 37 g）；

6. 在包装或其他途径中显示的成分及释放物（如添加剂清单、化合物分析）；

7. 如果可能的话，请提供产品图片或网站链接；

8. 其他任何信息。

贵国的政策及管制

9. 这些产品在贵国是如何管制的？

10. 这种产品在成分和释放物方面有没有管制政策？

11. 其他任何信息。

市场

12. 这些产品是否流行？

13. 你知道这些产品的市场份额吗？

14. 是否有一些特定群体在使用这些产品？如年轻人、女性等。

15. 其他任何信息。

产品营销情况

16. 这些产品营销策略是什么？

17. 营销手段是否针对特定群体？

18. 这些产品是如何做广告的？你能举例说明吗（例如通过网络）？

19. 其他任何问题。

其他任何说明

附录2 氨在游离态烟碱传输中的作用：近期研究及分析挑战

C. V. Watson，美国疾病控制与预防中心（美国佐治亚州亚特兰大）烟草与挥发物课题组烟草制品实验室研究化学家

A2.1 引言

A2.2 烟碱向烟气传输的近期研究成果

A2.3 烟碱摄入的近期研究成果

A2.4 当前加氨技术的作用

A2.5 参考文献

A2.1 引 言

尽管氨在烟叶中的自然含量相对较低，但是烟草公司经常基于各种原因向烟草产品中人为添加。从公共卫生领域的角度来看，添加氨最重要的原因是增加烟碱向大脑的传输速率。非质子化（"游离态"）的烟碱比质子化烟碱亲脂性更强，故而能被更快吸收。据报道，氨在烟碱的去质子化过程中与 pH 改变有关，这种去质子化能使吸烟者对烟碱的吸收更快，这个现象叫做"影响"[1]。然而，烟草公司

公开反对这一说法，尽管大量的内部资料提到烟气的"影响"，"力量"及"冲击"。

　　1998 年的烟草大和解协议从烟草公司内部资料中向公共卫生团体提供了含有大量关于加氨技术的历史信息。通过对这些文件的简单查找，可发现数十份文献并"发现"加氨技术，以及这种技术是如何基于多名吸烟者被广泛研究和测试，以取得关于感官元素的主观反馈结果，例如口味和"影响"。菲利浦·莫里斯公司似乎在 20 世纪 60 年代"发现"了加氨技术，并尝试生产一种更好的再造烟叶薄片。在那个时候，菲利浦·莫里斯公司是四大烟草公司中最小的一个，并在努力降低成本。该公司尝试使用薄片压制技术（和过去的的造纸技术类似），并利用烟草废料、根、茎及"粉末"来制造 100% 的烟草薄片（而不是通常的 80%）。为了增强薄片的机械强度，加入了磷酸氢二铵来破坏烟叶中原果胶的钙离子络合，并使钙离子和磷酸根相结合，这样钙离子原有的络合就不能很快地重新结合[2]。这样，游离态的原果胶就能够重新络合，进而增加了新薄片的强度，或与其他分子重新络合，如烟碱。菲利浦·莫里斯公司的科学家还发现，向再造烟叶薄片中添加磷酸氢二铵使最后的产品的感官"影响"和口味大大改善。在那时，菲利浦·莫里斯公司还不知道这是为什么，但他们很快意识到了它的重要性，并采用了此项技术。"万宝路"牌卷烟新型的、改进的烟气风味，高的感官质量，以及大规模的营销活动使万宝路成为美国最畅销的卷烟产品[3]。菲利浦·莫里斯公司的竞争对手们希望通过对万宝路卷烟的剖析来搞清楚为什么该产品突然这么受欢迎。在 1973 年，雷诺公司总结为，游离烟碱含量和该品牌的特征关系最紧密[4]。经过大量研究后英美烟草公司总结出，能够产生氨的再造烟叶薄片技术是万宝路卷烟的"核心和灵魂"[3,5]。

对一种已知每年造成成千上万人死亡的产品的持续使用是公共卫生领域的主要顾虑。卷烟习惯性消费的一个主要解释是烟碱的潜在致瘾性。如 Ashley 等 [6] 报道的那样，烟碱传输分两步进行：卷烟向烟气的传输以及消费者从烟气中吸收烟碱。大量实验研究了氨在这些步骤中的作用，其中一部分研究是菲利浦·莫里斯公司资助的。下文将讨论这些研究的分析结果以及研究人员对阐明氨在 pH 调节和以后烟碱传输中作用的困难。

A2.2　烟碱向烟气传输的近期研究成果

尽管烟碱是烟草的一种天然成分，但是其在烟叶中的含量、向烟气的传输量以及游离态烟碱含量都是可以精确控制的，正如大部分烟草公司资料所指出的那样。在烟叶及醇化烟丝中，大部分烟碱处于非挥发质子态；但是，通过 pH 的轻微调节可实现烟碱的去质子化，从而使之更容易吸收。烟碱的挥发态生物活性更强，因为这种状态是亲脂态，更容易迅速穿过肺泡细胞膜，而且比粒相物中的烟碱吸收更快 [7,8]。烟草行业研究结果显示，只需要一小部分游离态烟碱就能达到一个令人愉快的感官效果；高 pH 所致的高含量游离态烟碱会使烟气"刺激"，并难以吸入 [9,10]。再造薄片的制造过程中，果胶会在磷酸二铵盐的作用下从原果胶中释放出来，并与烟碱络合，该络合物在吸烟时的温度下更容易分解，因此提高了烟碱向烟气中转移的效率。提高温度还会提高烟气中的游离烟碱浓度，因为烟碱的水解作用是取决于温度的 [11,12]。Seeman 和 Carchman 报道 [13]，卷烟燃烧所产生的温度将烟碱及其盐汽化绰绰有余。如果再造烟叶薄片中的烟碱和果胶形成稳定的化合物，则提高了汽化烟碱所需的热量，因此，这些络合物在薄片上停留的时间就更长，并且暴露于更高的温度直到靠近卷烟燃烧区，这会提高烟气中的游离烟碱比例。

Callicutt 等 [14] 研究了含有不同浓度氨的实验卷烟的烟碱传输效率。该实验的一个有趣的地方在于研究人员设计并制造出了仅氨含量不同的卷烟；尽管如此，也有对这些实验卷烟的质疑。在这四种实验卷烟中，有一种被认为不含添加剂的卷烟仍含有大约 1.7 mg "可溶氨"；作者指出了这点，但没有对其进行详细说明。尽管烟草类型、烟草种植方法及烟草加工工艺都会引起氨含量的不同，但对于一个 "不含添加剂" 的卷烟来说，这种氨浓度水平似乎还是有点偏高。尚无使用再造烟草薄片来制作不含添加剂卷烟的报道；有报道只提到不含有氨的添加剂。再造烟草薄片可不含这些化合物，尽管烟草行业研究表明这样的薄片难以制造且消费者不喜欢 [15]。因为实验卷烟不是用来供消费者使用的，所以不用考虑这个问题。可能含有烟碱 - 果胶络合物的再造烟草薄片的存在，可使游离态烟碱的含量发生变化，从而使吸烟者感到 "力度" 或 "冲击"。Callicutt 等发现 [14]，这些卷烟的烟碱传输没有明显的差别。他们称这项研究的主要目的是考察一定氨浓度下的总烟碱传输速率；然而，在游离态烟碱传输量改变时，总烟碱释放量保持不变 [14,16]。更加需要关注的是，通过卷烟的物理或化学变化，可改变游离态烟碱在总烟碱中的比例，进而改变游离态烟碱含量水平。这项研究的局限性在于缺少游离态烟碱含量水平的分析数据，尽管烟草行业自 20 世纪 30 年代就已经建立了分析游离态烟碱含量的方法 [17]。该研究可以回答的一个更有意义的问题是，通过再造烟草薄片制造中的加氨技术，究竟可以使烟气中的烟碱含量改变到什么程度。

A2.3　烟碱摄入的近期研究成果

菲利浦·莫里斯公司资助了一项烟碱与主流烟气中的氨释放量关系的代谢组学研究，提供了测定烟气中氨释放量的有用信息。McKinney 等 [18] 总结到，主流烟气中的氨释放量差异并不影响烟碱的代谢。该方法通过一个吸入装置使吸烟者吸入一到两支卷烟的烟气，并对吸烟者的动脉血液进行取样，每支卷烟能向烟气中传输10 μg 或 19 μg 的氨。美国疾病控制及预防中心有一项未发表的关于主流烟气粒相物及气相物中氨的测定研究，该研究表明，含有 10 μg及 19 μg 氨的卷烟之间的差异并不大；在两个"淡味"品牌中，其氨释放量差别都可高达 10 μg，更不用说那些由不同生产商制造的卷烟品牌了。因此，在烟气中含有相似氨释放量的卷烟之间，吸烟者血液中烟碱含量随时间的变化曲线图不会差异很大。设计成"低氨"的卷烟也包括高比例的白肋烟及烟梗，这会提高烟气的 pH，并会导致吸烟者对氨释放量稍低的卷烟进行补偿抽吸 [19,20]。卷烟烟丝中的氨含量有助于判定两种卷烟品牌之间是否有真正差别。当吸烟者吸入烟气时，这种烟气吸入系统的复杂性还没有得到充分阐述。烟气可以通过多种途径被稀释。首先，没有提到通风口是否被堵上，不堵塞的通风口并不能准确模拟真实的吸烟行为。其次，根据该图表，更清洁的空气会通过传感器进来，尽管没有解释相关机理和要求。最后，没有介绍由于管路受潮而引起的游离态烟碱和氨的损失。

有一些关于抽吸口数重要性的描述。McKinney 等 [18] 的研究中，每支卷烟只测定了第四口，所以，对比那些取前几口样的吸烟者来说，这些个体的游离态烟碱暴露量可能偏低 [21]。烟草行业的研究表明，过量的氨会给吸烟者带来负面的感官影响，而在吸烟的前几毫秒内或之前，大部分加入的氨都会通过各种途径反应掉[22-24]。根据 *Handbook for leaf blenders and product developers* 一书介绍[16]，氨会和一些已知刺激物反应并立刻减弱其效力。氨还会通过和与烟碱成盐的酸的结合而释放更多地游离态烟碱[25]。在吸烟过程中，醋酸纤维滤嘴也会有效捕集烟气中的氨，因此，侧流烟气会减少另外一大部分的氨[26]。此外，氨还会和烟气中的一些刺激物（如乙醛）快速反应，并降低其刺激性[23-25]。烟气中的氨很可能是含氮化合物（如氨基酸及烟碱）的分解产物，而不是来源于烟丝中的氨向烟气中的直接迁移。烟气中的氨释放量很低，不会将游离态氨用于分析，因此，主流烟气中的氨释放量不是烟气 pH 及游离态烟碱传输量的好的指标。如果将动脉血液中的烟碱浓度和游离烟态碱含量及烟气 pH 相比较，该研究将会更有意义。

人体对烟碱的吸收总量与烟碱吸收速率的相关性不强，因为人体能有效吸收烟气中的大部分烟碱。Van Amsterdam 等[27]对烟碱吸收的研究说明了这一点。该实验采集了抽吸两种不同实验卷烟的吸烟者的静脉血液样品，这两种实验卷烟烟丝中的氨含量不同（分别是 0.89 mg/g 和 3.43 mg/g）。第一个样品在抽吸最后一口 2.5 分钟后进行采集。正如所预料的那样，两种卷烟品牌的"烟碱暴露量"没有差别，因为抽吸卷烟 2.5 分钟后采集的血液样品不反映游离态烟碱的吸收速率。Rose 等[28]在一项对烟碱脑部蓄积作用的研究中发现，在进入口腔后，烟碱仅需 7 秒就会到达脑部。Henningfield 等[29]强调，增强烟碱致瘾性最重要的因素是在抽吸第一口后 10~15 秒内烟碱的摄入量及摄入浓度，而不是总烟碱摄入量。此外，尽管 Van Amsterdam 等研究中使用的两种品牌卷烟的氨释放量有巨大差异，

"充分调味"的薄荷卷烟中的氨释放量达到 1 mg/g，这种释放量水平是很高的。Callicutt 等 [14] 的研究表明，实验卷烟中的氨释放量不低于 0.9 mg/g，这和一些薄荷卷烟中的氨释放量类似。烟丝中氨含量的重要性尚未知。Van Amsterdam 等 [27] 的研究中，没有提到混合型卷烟中的再造烟草薄片，尽管这是氨的主要途径，并会影响游离态烟碱的传输效率。对那些希望比较不同卷烟的研究者来说，一个主要局限性是不能制造烟草只有中氨释放量不同的实验卷烟。比较含有再造薄片的氨浓度很高的卷烟和所含白肋烟浓度低、烟气酸性弱、不含再造烟草薄片的"不含添加剂"品牌，将会很有意思。

A2.4　当前加氨技术的作用

人们对加氨技术的时间年表都比较熟知了。曾经被认为是"现代药物设计历史的最大胜利"之一的技术，现在已经成了一个技术遗产。当前在卷烟设计中加氨技术作用的疑问依旧存在。氨的工业应用已经研究了至少 20 年，且并不反映调节及控制烟气 pH 及游离态烟碱传输的化学与生物技术进步。此外，烟气气溶胶是一个动态的化合物复杂混合体。因此，如果试图将烟丝或烟气的氨含量和烟气 pH 或游离态烟碱传输量直接联系起来，就极大地低估了烟气的复杂程度。氨只是那些能够使烟碱游离化并产生美拉德反应的众多化合物中的一种，烟草行业拥有足够的时间来设计、改善和测试替代技术和方法。除了氨 - 磷酸二铵盐替代物，烟气中还存在大量的碱性化合物，这些成分能够创造一个适宜游离态烟碱组成的碱性环境。许多其他途径也是可能的：通过生物技术来改变烟叶中特定成分的含量；通过卷烟滤嘴添加剂及设计的改变来创造一个碱性环境或改变颗粒大小来提高颗粒中游离态烟碱的含量；可利用支气管扩张剂及薄荷醇来增加吸烟者对烟碱的摄入量；还可以通过纸张的孔隙率及滤嘴的通风率等物理性质来改变烟气的化学性质。

到 20 世纪 80 年代晚期，一些国家禁止了磷酸二铵盐的使用，这促使烟草企业研究制作不含磷酸二铵盐的薄片的新方法，但那仍能产生糖 - 磷酸二铵盐反应产物并释放到烟气中。Brown 和 Williamson 研究使用菠萝固态提取物，焦糖和高麦芽糖含量的玉米糖浆来作为再造薄片中磷酸二铵盐的替代品。他们发现，不含磷酸二盐的薄片的卷烟与参比卷烟相比"刺激性小，丰满度好，烟草口感佳"[15,30]。行业文件还提及尿素 - 尿酶体系，并指出，尿素能够显著提高烟气的 pH，并增加游离态烟碱含量，并在吸烟之前的化学惰性比较强[31]。然而，尿素分析起来比较困难，且尿酶在水的作用下能分解为氨和二氧化碳。如果在分析过程中使用到水萃取，那么烟丝中尿素的测定就以氨的形式来进行。在另外一份行业文件中，Johnson[2] 声称，"你不会发现所有加入到烟草中的尿素"；作者没有对其进行解释，但可能是要指出，尿素一旦加入，就会完全反应，因此不会被发现。

在 1977 年，Lorillard 烟草公司研究了加入钾离子或钙离子等无机阴离子是否能够提高烟气 pH，并增强卷烟的效果[32]。该报告声称，因为这些化合物在烟草中天然存在，不必对其进行大量毒理学研究。另一项行业研究声称，使用碳酸钾处理烟草，会提高烟气的 pH，但不像氨那样增加挥发性碱的的总量[33]。钾离子比氨的碱性强，而且钾离子和钙离子在美国的流行卷烟品牌中都存在。在德国，磷酸二铵盐是禁止使用的，那些能够热分解成碱的有机或无机化合物，如碳酸钙，被用来提高烟碱的传输量 [34]。钾或钙等碱金属并不一定要人为加入到烟草中，因为其在烟叶中的含量水平可通过肥料或纯化过程来调节。那些被用来作为添加剂的自然生成的化合物不易进行分析，因为这些化合物在未被处理或改造的烟叶中的含量未知，所以，在没有空白烟草基质的情况下，尚无一个可靠的方法来区分自然生成和外部添加的化合物的含量差异。

在雷诺公司关于烟碱传输的一个讨论中 [35]，烟草公司的科学家对潜在的"对卷烟企业来说严重的添加剂事件"表示了担忧，并希望通过使用烟草中自然生长的化学物质来达到与菲利浦·莫里斯公司卷烟类似的柔和度，以避免以后不得不对产品进行改造，来满足未来可能的管制措施。不使用添加剂（特别是在部分国家中禁用的添加剂）而达到混合型卷烟令人满意的效果的一个途径是对烟叶进行调节。行业文件所涉及的基因调节有通过体细胞克隆变异和混合排序的高烟碱含量白肋烟 [36]，以及高烟碱含量的烤烟 [37-39]。Quest 卷烟加入了经过基因修饰不含烟碱的烟草 [40]。菲利浦·莫里斯公司召开的"世界范围生物技术评估会" [41] 列出了几个感兴趣的领域，如增加香味和质量等，但没有讨论质量的提高是否包括通过烟叶碱性的增加来代替诸如氨这类添加剂。1999 年，菲利浦·莫里斯烟草生物技术研究组的报告讨论了通过酶修饰技术来提高烟草中还原性糖含量的可能性 [42]。2003 年，菲利浦·莫里斯公司给予北卡罗来纳州立大学的研究人员大量研究经费，以绘制烟草基因图谱。对于媒体的质疑，菲利浦·莫里斯公司声称这项研究是为了降低烟草的有害成分 [43]。这似乎也合情合理，因为不管是通过基因工程还是酶修饰技术，都可以生产出新型烟草，从而达到期待的多样性，并保证在口味和"冲击力"之间找到微妙的平衡，来使消费者使用该产品，而不使用那些因使用添加剂而可能在未来的管制市场中存在问题的产品。

卷烟烟气化学是复杂的。在美国市场上销售的大部分现代卷烟品牌，其烟气中的氨释放量较低，不会是改变烟气 pH 并创造出最适合游离态烟碱形成的碱性环境的唯一原因。烟草烟气中已经鉴定出了数百种碱性成分，其中大部分是氮杂环化合物，这些化合物可能是烟草香气的来源[44,45]。在早期的行业文件中，烟气中的氨是单独测定的，并被包括在总挥发性碱的测定之中。这些碱包括游离氨、烟碱、吡啶、生物碱、吡嗪、吡咯衍生物和挥发性氨，这些化合物能和烟气中的醛类化合物形成席夫碱，并被进一步热解为"引起烟气碱性的碱性氮化合物"[46]。该文件声称，总挥发性碱的测定"与烟气 pH 有线性关系，而且与总生物碱和总氮也有强相关性"[47]。有意思的是，在磷酸二铵盐 - 糖反应中形成的双氧果糖吖嗪生成烟气中的几种吡啶及吡嗪类化合物[2,48]。在白肋烟中含量很高的氨基酸类化合物，也能和糖反应生成相似的弱碱性化合物[49,50]。烟碱作为烟叶中含量最高的化合物之一，能热分解为氨、胺类和吡啶。在菲利浦·莫里斯公司的一篇关于滤嘴对烟气化学成分影响的综述中[51]，烟气被描述为总碱部分（吡嗪、吡啶和生物碱）和总酸部分（有机酸、苯基酸、酚酸和脂肪酸），而总碱部分含量要高些。因此，除氨外，还有很多化合物创造碱性烟气成分，而氨不能被看做唯一的导致烟气碱性的成分。然而，尽管不是直接导致，加氨技术还是在很大程度上是导致烟气弱碱性的重要原因。

行业文件中还有其他一些调节游离态烟碱传输和摄入的方式。可可和薄荷是两种常用的卷烟添加剂，可作为潜在的支气管扩张药，因此可以增加吸入深度和体积，并可以实现对烟碱更好的吸收[52]。碳酸钙和碳酸钠等滤嘴添加剂能提高烟气的 pH，可能会免除向烟丝中添加碱性物质的需要[53]。增加纸的孔隙率及滤嘴通风率也能够影响烟气的粒径或提高烟气的 pH。高度通风卷烟的气溶胶离子浓度相对较小，所以它们正常的合并速率就慢（保持粒子小的时间越长，就有越大的表面积以有利于"排气"）。滤嘴通风孔起重要作用的另外一个机理是通过滤嘴通风孔的空气是一种"干燥气体"。气溶胶中水含量的降低能够显著提高烟气 pH，这更有利于烟气中游离态烟碱的形成。烟草混合物的不同、膨胀烟丝的使用以及烟叶在烟茎中位置的不同，都会在不使用化学添加剂的情况下，改变烟气 pH 及其化学和成分。

尽管加氨技术已经表明烟草行业可以调节烟碱传输量，烟草行业已经花费了 50 年来研究、设计和完善其他技术，以期能够控制烟碱的剂量，在烟草制品对新吸烟者保持吸引力的同时，还能保持"老烟民"具有"愉悦感"。加氨技术可以被视为一种较老的技术，该技术还在一些产品和再造薄片中利用，但在现代美国混合型卷烟中，该技术并不是一个必要的设计因素。许多变数会影响游离态烟碱的传输，这说明氨和游离态烟碱之间并没有直接联系。氨及氨添加剂在烟碱传输中的作用依然存在疑问，其中最重要的是氨是否会影响烟气的碱性，进而影响游离态烟碱的传输。如果再造烟草薄片不使用加氨技术，那么它的存在还会影响游离态烟碱的传输么？在前 5~20 秒内烟碱吸收速率的不同是否会反映游离态烟碱传输的不同？我们认为这些问题是最重要的问题之一，而且迄今为止还没有对这些问题进行充分研究的报告。

A2.5　参 考 文 献

[1] Schori TR. Free nicotine: its implications on smoke impact. Bates:542001986-96; 1979 =(http://legacy.library.ucsf.edu/tid/rlk46b00).

[2] Johnson R. Ammonia technology conference minutes. Bates: 508104012–164;1989 (http://legacy.library.ucsf.edu/tid/cfl36b00).

[3] Stevenson T, Proctor RN. The secret and soul of Marlboro: Phillip Morris and the origins, spread, and denial of nicotine freebasing. Am J Public Health 2008;98:1184–94.

[4] Blevins RA. Letter: Free nicotine. Bates: 500917503; 1973(http://legacy.library.ucsf.edu/tid/gnq46b00).

[5] Backhurst JD. A relation between "strength" of a cigarette and the"extractable nicotine" in the smoke. Bates: 620364222; 1965 (http://legacy.library.ucsf.edu/tid/kgt83f00).

[6] Ashley DL, Pankow JF, Tavakoli AD, Watson CH. Approaches, challenges, and experience in assessing free nicotine. In: Henningfield JE, London ED, Pogun S, editors. Nicotine psychopharmacology (Handbook of Experimental Pharmacology, No. 192). Berlin: Springer-Verlag; 2009:437–56.

[7] RJ Reynolds. Nicotine toxicity. Bates: 511194087–114; 1977 (http://legacy.library.ucsf.edu/tid/ggg53d00).

[8] Reininghaus W. Bioavailability of nicotine. Bates: 3990473388–93; 1994 (http://legacy.library.ucsf.edu/tid/jgn13j00).

[9] Ireland MS. Research proposal—development of assay for free nicotine. Bates:00044522–3; 1976 (http://legacy.library.ucsf.edu/tid/nts76b00).

[10] Larson TM, Morgan JP. Application of free nicotine to cigarette tobacco and the delivery of that nicotine in the cigarette smoke.Bates: 00781406; 1976 (http://legacy.library.ucsf.edu/tid/pts76b00).

[11] Riehl TF. Project SHIP main technical conclusions 840400–841100. Bates:650554484–8; 1984 (http://legacy.library.ucsf.edu/tid/gxq23f00).

[12] Philip Morris. Bates: 2060554039; 1999 (http://legacy.library.ucsf.edu/tid/iqf13e00).

[13] Seeman JI, Carchman RA. The possible role of ammonia toxicity on the exposure,deposition, retention, and the bioavailability of nicotine during smoking. Food Chem Toxicol 2008;46:1863–81.

[14] Callicutt CH, Cox RH, Hsu F, Kinser RD, Laffoon SW, Lee PN, et al. The role of ammonia in the transfer of nicotine from tobacco to mainstream smoke. Regul Toxicol Pharmacol 2006;46: 1–17.

[15] Tang JY. DAP-free recon development update. Bates: 508102219–224; 1991(http://legacy.library.ucsf.edu/tid/dtm51f00).

[16] Aulbach PL, Black RR, Chakraborty BB, Diesing AC, Gonterman RA, JohnsonRR, et al. Root technology: a handbook for leaf blenders and product developers.Louisville, Kentucky: Brown & Williamson. Bates: USX47046–105; 1991 (http://legacy.library.ucsf.edu/tid/nqz36b00).

[17] Vickery HB, Pucher GW. The determination of "free nicotine" in

tobacco: the apparent dissociation constants of nicotine. J Biol Chem 1929;84(1): 233–41.

[18] McKinney DL, Gogova M, Davies BD, Ramakrishnan V, Fisher K, Carter WH.Evaluation of the effect of ammonia on nicotine pharmacokinetics using rapid arterial sampling. Nicotine Tob Res 2012;14:586–95.

[19] Hellams RD. pH determination of mainstream cigarette smoke. Bates:2050871031; 1984 (http://legacy.library.ucsf.edu/tid/jgu46b00).

[20] British American Tobacco. How does pH affect transfer of nicotine to smoke?Bates: 566630379–83; 1995 (http://legacy.library.ucsf.edu/tid/ajs46b00).

[21] Pankow JF, Tavakoli AD, Luo W, Isabelle LM. Percent free base nicotine in the tobacco smoke particulate matter of selected commercial and reference cigarettes. Chem Res Toxicol 2003;16(8): 1014–8.

[22] Routh WE. Ammonia treatment of tobacco. Bates: 00044858–79; 1977 (http://legacy.library.ucsf.edu/tid/jtm99d00).

[23] Johnson R (1984) The unique differences of Phillip Morris cigarette brands—R&D-B016-84. Bates: 103281081–112; 1984 (http://legacy.library.ucsf.edu/tid/ton66b00).

[24] Crellin RA (1985) Project Ship (examination of branded and experimental products from the USA). Bates: 570316962 (http://legacy.library.ucsf.edu/tid/pls46b00).

[25] Christopher FH Jr (1978) Free nicotine/ammonia treatment of tobacco. Bates:505197081 (http://legacy.library.ucsf.edu/tid/

cru46b00).

[26] Kusama M, Matsuki T, Sakuma H, Sugawara S, Yamaguchi K. The distribution of cigarette smoke components between mainstream and sidestream smoke II. Bases. Bates: 501523990–4006; 1983 (http://legacy.library.ucsf.edu/tid/kpm77c00).

[27] van Amsterdam J, Sleijffers A, van Spiegel P, Blom R, Witte M, van de Kassteele J, et al. Effect of ammonia in cigarette tobacco on nicotine absorption in human smokers. Food Chem Toxicol 2011;49:3025–30.

[28] Rose JE, Mukhin AG, Lokitz SJ, Turkington TG, Herskovic J, Behm FM, et al. Kinetics of brain nicotine accumulation in dependent and nondependent smokers assessed with PET and cigarettes containing 11C-nicotine. Proc Natl Acad Sci U S A 2010;107:5190–5.

[29] Henningfield JE, Stapleton JM, Benowitz NL, Grayson RF, London ED. Higher levels of nicotine in arterial than in venous blood after cigarette smoking. Drug Alcohol Depend 1993;33(1): 23–9.

[30] Alford ED, Hsieh TC. A major sugar/ammonia reaction product in Marlboro 85's.Bates: 510001069–79; 1983 (http://legacy.library.ucsf.edu/tid/ylh23f00).

[31] Newton P, Johnson R. Urea development. Bates: 620136145–9; 1971 (http://legacy.library.ucsf.edu/tid/gmd43f00).

[32] Ihrig AM. Inorganic additives for the improvement of tobacco. Bates: 00382055–62; 1977 (http://legacy.library.ucsf.edu/tid/fku61e00).

[33] Glock E. Leaf services monthly report for June: increasing nicotine transfer in smoke. Bates: 514804804–9; 1980 (http://legacy.library.ucsf.edu/tid/tja87h00).

[34] Wigand JS. Additives, cigarette design and tobacco product regulation. A report to World Health Organization Tobacco Free Initiative Tobacco Product Regualtion Group. Bates: 3990512671–715; 2006 (http://legacy.library.ucsf.edu/tid/ccj13j00).

[35] RJ Reynolds. Regarding means to achieve nicotine balance and deliveries.Bates: 508408649–770; 1992 (http://legacy.library.ucsf.edu/tid/ikv46b00).

[36] Brown & Williamson. High nicotine Burley flavor development. Bates:589100515–9; 1996 (http://legacy.library.ucsf.edu/tid/ewm41f00/).

[37] Brown & Williamson. Y1 product. Bates: 661071395A–6 (http://legacy.library.ucsf.edu/tid/uql66b00).

[38] Brown & Williamson. The Y1 story. Bates: 682727985–90 (http://legacy.library.ucsf.edu/tid/eqv70f00).

[39] Fisher PR. Y1 product development. Bates: 620017189–91; 1990 (http://legacy.library.ucsf.edu/tid/chf93f00).

[40] Lightner JG. Cigarette information highlights: Quest Menthol Lights. Bates:3039591093; 2004 (http://legacy.library.ucsf.edu/tid/uko91g00).

[41] Gadani F, Rossi L. Worldwide biotechnology assessment: inventory of research activities. Bates: 2073337017–9; 1997 (http://legacy.library.ucsf.edu/tid/wyz27d00).

[42] Philip Morris. Final report tobacco biotechnology: a worldwide technology assessment. Bates: 2065359566–9631; 1999 (http://legacy.library.ucsf.edu/tid/itb29h00).

[43] Philip Morris. Response to media inquiry—genome technology 2.271 RWL.doc.Bates: 3008849132–4; 2004 (http://legacy.library.ucsf.edu/ tid/vde30i00).

[44] Schmeltz I, Stedman RL, Chamberlain WJ, Burdick B. Composition studies ontobacco. XX. Bases of cigarette smoke. Tob Sci 1964;8:82– 91.

[45] Heckman RA, Best FW. An investigation of the lipophilic bases of cigarette smoke condensate. Bates: 620398463–70; 1981 (http:// legacy.library.ucsf.edu/tid/xvz90c00).

[46] Ihrig AM. pH of particulate phase. Bates: 87644270–81; 1973 (http:// legacy.library.ucsf.edu/tid/iwr46b00).

[47] Creighton DE. The significance of pH in tobacco and tobacco smoke. Bates:500104402; 1988 (http://legacy.library.ucsf.edu/tid/edk86b00).

[48] Anonymous. Ammonia process comparisons fructose conversion vs. tobacco temperature. Bates: 681915855 (http://legacy.library.ucsf. edu/tid/pek46b00).

[49] Wang MX. Analytical results of the experimental flavor samples. Bates: 583150454–5; 1986 (http://legacy.library.ucsf.edu/tid/ qar03f00).

[50] Evans RJ, Nimlos MR. Kinetics and mechanisms of the pyrolysis of amino acids.Bates: 3003669136; 2002 (http://legacy.library.ucsf.edu/ tid/fnh95g00).

[51] Lin SS. Basic flavor investigation low tar / high flavor literature review. Bates:2050878148–90; 1990 (http://legacy.library.ucsf.edu/ tid/wgu46b00).

[52] Ferris Wayne G, Connolly GN. Application, function, and effects of menthol in cigarettes: a survey of tobacco industry documents. Nicotine Tob Res 2004;6(Suppl 1):S43–54.

[53] Irwin WDE. Comment by W.D.E. Irwin on Handbook for leaf blenders and product developers. Bates: 400820196–7; 1983 (http://legacy.library.ucsf.edu/tid/ogc54a99).

附录 3 通过降低烟碱释放量至不会引起或维持成瘾的水平来降低卷烟产品的潜在依赖性

G. Ferris Wayne，WHO 顾问

A3.4 降低烟碱的可行性

A3.4.1 卷烟烟碱传输

A3.4.2 降低烟草中烟碱的方法

A3.4.3 去烟碱化或低烟碱卷烟

A3.4.4 低传输率卷烟中的游离态烟碱

A3.4.5 引起补偿抽吸的产品

A3.4.6 降低烟碱的产品配方和途径

A3.4.7 小结

A3.5 潜在的行为效果和人群效果

A3.5.1 对卷烟消费量的潜在影响

A3.5.2 对吸烟行为的潜在影响

A3.5.3 对戒烟的潜在影响

A3.5.4 对卷烟使用购买的潜在影响

A3.5.5 潜在的不可预料的行为后果

A3.5.6 潜在的人群差异

A3.5.7 潜在的健康影响

A3.5.8 非法销售含烟碱卷烟产品的可能性

A3.5.9 人群影响模型

A3.5.10 小结

A3.6 降低烟碱的政策手段

A3.6.1 对烟碱的全面管制

A3.6.2 绩效标准

A3.6.3 逐渐性降低与急剧性降低

A3.6.4 烟碱的可替代形式

A3.6.5 戒烟与行为治疗

A3.1　引　　言

　　近二十年以前，Benowitz 和 Henningfield[1] 提出逐渐减少卷烟烟碱释放量作为一种减害策略。此后，一些公共卫生科学家认为，这种做法可能会对公众健康产生重大的积极影响 [2-8]。减少烟碱政策的目标是减少吸烟者的药理成瘾，这也帮助他们戒烟或鼓励他们转向危害性较小的烟碱来源，还可防止初吸者从尝试或偶尔吸烟转向成瘾 [2,6]。这一策略符合 WHO《烟草控制框架公约》（FCTC）第 9 条的要求，即对烟草制品成分和释放物的监管指南 [9,10]。

　　降低烟碱策略是基于如下的假设：烟碱是烟草使用的主要原因，且烟碱释放量阈值能被确定，低于该阈值的卷烟依赖性的产生和维持会大大降低 [2]。在评估这种方法可能的效果时，必须解决理论和实践两方面的问题：烟碱在引发和维持烟草成瘾中的作用，烟碱成瘾所必需的剂量，与烟碱化学形态或传输机制相关的差异性，在个体或易感群体（例如儿童或有精神类疾病人群）中烟碱响应的不同，降低烟草中烟碱的过程及其潜在影响，对低烟碱卷烟的行为反应（如烟碱成瘾的吸烟者补偿性抽吸或增量抽吸），以及低烟碱卷烟的相对毒性。

最初评估降低烟碱策略效果的障碍是缺乏科学依据。例如，最受关注的是，低烟碱的产品可能由于被更深度地抽吸或频率更高地抽吸而增加危害性[11,12]。最近的临床研究似乎解决了这一问题，即使在非常低剂量的烟碱水平，也显示大大减少了抽吸和有害物质的暴露，几乎没有补偿性[13-15]。在本附录中，作者综述了有关烟草和烟碱成瘾的科学现状，烟碱成瘾阈值的概念，以及将卷烟中烟碱降低到致瘾阈值之下的实际可行性。

环境因素也能影响烟草制品的可接受度和使用性，可能在降低烟碱策略的有效性中发挥作用。需要考虑的因素包括是否有烟碱替代来源，替代产品的管制范围，高烟碱释放量卷烟的非法销售的潜在性增长，依赖治疗的有效性，对吸烟者和潜在吸烟者关于使用、戒断和治疗的教育，以及公众对烟碱管制的支持。例如，得到低毒性烟碱传输系统和治疗药物的障碍可能会刺激非法销售或驱使吸烟者选择其他可能有害的烟草产品[16]。在本附录中，作者综述了降低烟碱策略预期的人群效果，以及支持这一策略的政策手段，并最大限度地减少降低烟碱所造成的任何意料之外或负面的健康影响。

在美国医学研究院的报告《清洁烟气》[17]中，从烟草制品毒性和促进吸烟尝试和使用的因素两方面（参见[5,18]），提供了一个有用的危害性评估框架。卷烟和其他燃烧类烟草不仅比其他替代产品（如药用烟碱）有更大的毒性，还由于其有效性、致瘾性和吸引力更大而具有无与伦比的潜在危害。即使没有降低毒性，通过去除开始或继续使用这些致命产品的诱因，降低烟碱策略可以大大减少人群危害[5]。本附录中，作者在现有科学证据的基础上评估这一后果的可能性，并确定在哪些领域还需要开展更多的研究。

A3.2　烟草致瘾模式

早期尝试减少与吸烟相关的疾病负担是基于减少卷烟产品的烟气传输，主要通过引入滤嘴通风孔稀释烟气、使用膨胀烟丝以及改变产品的其他方面[19]。然而，吸烟者通过改变他们的吸烟行为对减少的传输进行简单地补偿：抽吸更长和更频繁或增加他们每天吸烟的数量，以维持对烟碱和有害物质的暴露[20,21]。

Parascandola[22] 观察到，过去减少烟草使用危害的尝试的失败是由于公共卫生界不完全理解控制吸烟行为的因素，特别是烟碱在这种行为中的驱动作用。降低烟碱策略是直接基于以下假设，即烟碱是烟草中主要的精神类药物，是持续使用烟草的关键。对烟碱成瘾和烟草使用的科学理解是不断发展的。对产品管制效果（无论意料中还是意料外）的预期需要对烟碱和烟草依赖的明确、完全的理解。

A3.2.1　烟碱成瘾

烟碱是有很高致瘾性的强效药物，精神奖赏效应的急性给药剂量小于 1 mg[23]。低剂量的烟碱刺激中枢神经系统和周围神经系统，引起兴奋、情绪改善及增加心率和血压；高剂量可能引起心动过缓、低血压和情绪低落。烟碱可提高运动反射和感知能力，包括注意力

和记忆力 [24]。通过重复暴露烟碱对行为上影响和心血管影响的耐受性迅速形成。因此，烟碱成瘾的药理学基础是积极性强化（激励、情绪、表现）的结合，以及避免出现烟碱缺乏时的戒断症状 [23,25]。

烟碱传输系统致癌的可能性取决于它的剂量机制，包括烟碱的传输速率和烟碱能被吸收的容易程度 [26,27]。卷烟就是烟碱传输的特别有效的形式。当个体从卷烟吸入烟气，烟草中的烟碱通过烟气粒相物携带进入肺部，在肺部被迅速吸收并运送到大脑。烟碱快速扩散到脑组织，并与烟碱胆碱受体结合。在吸完烟之后，烟碱的逐渐减少会导致多巴胺等神经递质的释放低于正常值，使人感觉不适和不愉快。其他的烟碱断瘾症状包括易怒、烦躁、焦虑、注意力不集中、心率降低、食欲增加和失眠 [23]。

烟瘾是由重复的行为维持的。每天的第一支卷烟产生很大的药理作用使情绪高涨；接下来的卷烟，由于烟碱在体内累积，造成更大的耐受量，在相继的卷烟之间戒断症状变得更加明显。大多数吸烟者倾向于每天吸入相同的烟碱量，并调整他们的吸烟行为来补偿获得烟碱或烟碱从体内清除率的变化，从而调节烟碱的水平 [23]。

强迫性是烟草成瘾的核心特征；其特点是抽吸每支卷烟之后再出现吸烟的渴望 [28]。既然强迫被定义为包括断瘾症状，对鉴定初吸者将要发展到确定的吸烟者具有 99% 的灵敏度 [29~31]。

A3.2.2　烟碱响应的个体差异

大多数的烟草使用开始于青少年时期。虽然许多青少年尝试吸烟，但只有 20%~25% 的尝试吸烟者成为上瘾的成人吸烟者 [32]。烟碱依赖的遗传脆弱性也许可以解释某些人使用烟草。对双胞胎的研究表明，在吸烟的流行性、每天吸烟的数量、戒烟的能力，以及在戒烟中戒断症状的特征等方面，遗传性大于 50%[33]。吸烟的其他风险因素包括同伴和父母的影响、个体个性特质和疾病，如抑郁和焦虑[32]。

早期的烟碱暴露与更严重的依赖以及成年吸烟者吸烟增多相关[1,34-37]。动物模型研究佐证了这些结果，其中在人类青春期暴露相应地导致更高的自身给药[38-44]。这些结果表明，发育中的大脑更容易受到来自烟碱的永久性改变造成的对成瘾的支持[23,45]。

已观察到烟碱代谢率个体差异大约为四倍[45,46]。女性比男性代谢烟碱更快[23,47]，这可能有助于提高成瘾。女性也比男性对烟碱更敏感[48]且更难戒烟[49-53]。女性的吸烟行为更大程度上受到条件性暗示和负面因素影响，而男性则更可能是响应药理性提示吸烟并调节他们的烟碱摄入[54-57]。

有精神类疾病和 / 或物质滥用障碍的个体烟碱依赖的发生率也高得多，每天抽更多烟，并更难戒烟[58-62]。烟碱可作为一些机能失调的自我药疗的一种方式[63]，尤其是精神分裂症，因为烟碱可以提高感觉门控的不足[64,65]，对于抑郁，因为烟碱可以脱敏烟碱受体，功能上类似于许多抗抑郁药物[66,67]。此外，吸烟（但不是烟碱）抑制单胺氧化酶，其能促进抗抑郁药物活性[68]。患有精神疾病的吸烟者在总吸烟者中占三分之一以上，并且超过一半是烟碱依赖吸烟者[58,69,70]。

轻度或偶尔吸烟者的人群每天抽吸五支或更少的卷烟或者不是每天吸烟，且似乎吸烟主要是为了积极性强化烟碱作用[23]。他们使用卷烟经常与特定活动相联系，例如饭后或饮酒时，而且很少对负面作用产生响应；他们可能对吸烟提示有更多反应[71]。虽然他们很少或没有感受戒断症状，但许多的偶尔吸烟者戒烟困难，意味着依赖形式有别于每日吸烟者。

A3.2.3 烟草中的烟碱传输

烟草烟气是有几千种化合物的复杂混合物 [19,26]，可能不是独立的 [72] 就是与烟碱结合 [73,74] 来促进卷烟的致癌能力。

非质子化或游离态的烟碱很容易通过口腔黏膜和上呼吸道吸收，比如从无烟烟草产品或雪茄中。当以这种形式摄入，烟碱在上呼吸道产生刺感或"叮咬感"，可能会被认为是刺激性的或令人不适的。然而，在卷烟烟气中，很大比例的烟碱是质子化或结合态，它更容易吸入并被带入呼吸道深处。结合态烟碱不像非质子化烟碱一样迅速或容易地被吸收，不能提供相同的感官刺激 [26,75]。现代卷烟构造的目标是在烟碱释放效率和适口性之间提供一个理想平衡。例如，氨含量高可以增加卷烟烟气中非质子化烟碱的比例，产生更快速或更有效地吸收烟碱 [76]。糖和其他添加剂可能会增加对非质子化烟碱粗糙感的补偿，促时更深地吸入 [26]。

烟气的感官特征（口味、香气、气管／支气管的感受）向吸烟者提供直接提示，指导吸烟行为处于个性化的抽吸水平 [77,78]。在缺乏感官成分时吸烟的运作特征（夹持、抽吸、吸入）对吸烟者不能产生明显的满足感，如在不燃烧卷烟的研究所显示的 [79]。但是，感官成分的变化，如吃味和冲击，可能对吸烟奖赏的比较有显著影响 [77,80]。例如，嗅觉和味觉提示的减弱对卷烟烟气的愉悦感和行为增强作用都减少了，特别是在女性吸烟者中 [77,81]。

在卷烟烟气感官构成中烟碱发挥核心作用。依据呼吸道感受到的感官作用，含烟碱的卷烟一贯比去除烟碱的卷烟强烈 [81,82]。吸入烟碱气溶胶具有较强的刺激作用[83]，甚至静脉注射烟碱也能引起呼吸道感官作用[27,84]。

烟气组分的平衡对抵消烟碱过度的粗糙感并使烟气可口是必要的。"焦油"是烟气中除烟碱外研究总粒相物的一种常用测量方法，焦油与烟碱的比被认为是烟气整体粗糙感的一个决定性因素[77,85]。其他的烟草成分可提供另外的刺激，不是与烟碱协同就是替代烟碱[26]。薄荷醇具有强烈的感官刺激特性，是一种常见的烟草添加剂，并被用于在烟碱传输极低的产品中补偿减少的烟碱[86,87]。薄荷醇因其本身的麻醉特性[88]以及可增加生物膜的渗透性[89]也可以减轻一些烟碱的刺激作用，会影响烟碱的吸收。

烟碱以外的烟气成分可能对大脑有直接的药理作用或与烟碱相互作用加强烟碱的影响。Brody 等[90]发现在抽吸去烟碱化卷烟的个体体内明显存在 α4β2 烟碱胆碱受体，这表明，即使不含烟碱，卷烟烟气也可能有明显的药理作用。各种微量烟草生物碱自身有强化作用（降烟碱），或者具有增强烟碱的效果（假木贼碱、降烟碱、新烟草碱、可替宁和麦司明）[91,92]。在动物模型中乙醛是自我给药的[72]，已表明其对烟碱有潜在的强化作用，尤其是在未成年动物中[73,93-95]。

哈尔满和去甲猪毛菜碱是乙醛（抑制单胺氧化酶）的缩合产物[73]，当给予大鼠时，它们大幅增加烟碱的自我给药[74,96,97]，可能是通过发挥抗抑郁作用，或通过增加烟碱释放的神经递质（如多巴胺）寿命来增强烟碱的强化作用[98]。

A3.2.4　成瘾的双重强化模式

虽然烟草的致瘾作用往往仅归因于烟碱[99]，单独只有烟碱而不出现烟草时，在双盲方案的研究中并没有被证明确实具有强化作用[100,101]。像其他兴奋剂一样，烟碱具有通过非药物刺激来增加条件强化的非条件作用，烟碱强化和刺激物的存在之间有独立的直接关联[102-108]。

非药物刺激的重要作用已经在啮齿类动物研究中证明，其中中止与静脉注射烟碱相关联的环境刺激会减少自我给药，几乎与去除烟碱的效果一样[102,109]。在大鼠[110]和松鼠猴[111]试验中，与烟碱关联的轻微刺激维持的响应速率与由烟碱维持的相当。没有环境刺激的行为干预，直接传输烟碱，产生非常小的自我给药[112]。

一个新的假说是，被视为实验室动物高比例的自我给药或人类吸烟的烟碱成瘾，是通过伴随烟碱摄入的强化刺激，以及烟碱增加对这些刺激强化作用来支撑的。在这种双重强化模型中，烟碱首先作为一个初始强化剂，作为条件强化剂通过关联建立中性刺激，然后作为增强强化剂，放大烟碱关联条件强化的刺激[113]。随着烟碱的影响与各种非烟碱的刺激产生关联，刺激获得条件值或作为未来烟碱传输的提示。因此，烟草的条件刺激可以用维持吸烟或持续戒烟后失败或复吸的方式改变行为。因此，通常与吸烟有关联的接近的刺激，例如一支点燃的卷烟，可以引发吸烟者而不是非吸烟者的渴求[114]。这一假说解释了在决定对烟气的主观性反应[77,84]以及对烟草渴望、想要吸烟和给予安慰剂卷烟人群的烟草戒断症状[115]的主观性报告的减少中，与烟碱相关的感官刺激的重要性。

Rees 等[116]观察到，某种类型烟草产品感官提示可能非常特别，表明这样的特殊品牌提示获得的激励显著，依据品牌特性强化使用。他们认为，除去烟碱的卷烟（如 Quest）商业吸引力有限的部分原因是已建立的化学感官提示——烟碱剂量突然被破坏。尽管烟碱给药增加明显的感觉提示，但它不改变适口性[117]。因此，烟碱的刺激放大效应可能对已经有积极的关联的熟悉的感官刺激最有效，比如类可可或薄荷醇的味道。

A3.2.5　药物期望

药物期望在吸烟者的反应中起着重要作用[118-121]，尤其是在女性中[56]。根据期望理论，如果吸烟者有抽吸有效烟碱卷烟的刺激期望（或剂量）且有烟碱降低吸烟冲动的期望反应，则当他（或她）抽吸安慰剂卷烟时，欲望降低[122,123]。得到烟碱的期望增加了"好感度"和烟碱替代品的临床疗效，这一期望与药理因素相互作用产生综合的主观性和行为反应[120,124,125]。

在使用平衡的安慰剂设计的一项研究中，期望用吸烟来缓解焦虑情绪诱发负面影响的吸烟者，即使他们抽吸安慰剂卷烟，心情也有所改善[126]。告诉吸烟者其抽吸的是烟碱，这会降低其抽安慰剂卷烟的欲望，但对烟碱给药的影响不大，这表明不是烟碱就是抽吸了含烟碱的卷烟的信念，足以减轻吸烟的欲望，但剂量期望不增加烟碱的作用[121]。

药物期望可由指示吸烟者已被给定一定烟碱剂量可能性的感官刺激获知，因为存在条件性关联。这些提示可能被吸烟者表达为卷烟的"强度"，反映了烟碱产生的冲击与其他烟气成分的一些组合作用，在口腔、三叉神经或其他受体间相互作用[26,127,128]。

期望也可以从非药物刺激中分开。例如，抽吸同样去烟碱化的卷烟，带着不同的剂量预期，有不同的影响[129]。烟碱释放量的信息对吸烟者吸入烟碱的主观反应发挥作用，特别是对积极性强化关联的渴望（如打算抽烟），而不是对负面强化关联的渴望（即消除断瘾）[120,130]。尽管吸烟者期望抽烟获得愉快感受，但他们不预期从不太熟悉的配方中获得积极性影响[123]。

A3.2.6　社会和环境因素

依赖不局限于生理体验，也通过行为习惯形成，受环境因素支持。烟草使用的社会背景显然与了解各种烟草制品的使用模式有关系，这是对获取或戒断的外部压力程度。De Leon 等[131] 呼吁对烟草使用采取措施，因为环境因素决定吸烟行为和依赖性。这些将包括使用烟草制品中哪些是被允许的（包括法律上的和从社会准则方面的）；烟草使用的成本，包括个人和家庭两方面；烟草使用相关的描述程度，例如性别、宗教信仰和社会地位。了解这些因素可能对了解在烟草依赖之前的烟草尝试是有用的，导向选择戒断的过程以及戒断效果。

A3.2.7　小结

- 烟草成瘾由烟碱维持。不传输烟碱的卷烟不维持成瘾。
- 烟碱成瘾由积极性强化（即情绪、性能）和避免断瘾症状两方面支持。
- 对烟碱的反应有相当大的个体差异。女性对烟碱的代谢与男性不同，对条件性提示更敏感。
- 在青少年时期开始的烟碱依赖会影响成年后的依赖。
- 烟草烟气传输的烟碱不同于其他形式的烟碱。
- 烟草传输的烟碱的致瘾性的关键因素包括烟碱的形态、便于吸入、相关的感官刺激以及其他烟气组分的致瘾性或强化作用。

· 除去烟碱的烟草比没有烟草的烟碱对减少吸烟者渴望和产生的愉悦感更有效。

· 证据支持双重强化模型的有效性，其中条件刺激的（烟气）强化依赖超过由非条件烟碱产生的依赖。

· 药物期望改变对含烟碱和不含烟碱卷烟的反应。期望可能反映了在传输机制内（感官刺激）中的提示以及来自广告、包装或其他形式传播的信息。

· 依赖的发展与决定产品接受性和吸引力的社会背景和环境因素有关。

A3.3　成瘾阈值的建立

烟碱成瘾阈值的概念指获得和维持成瘾所需要的最小烟碱摄入量。在他们最初的建议中，Benowitz 和 Henningfield[1] 估计烟碱成瘾阈值为 5 mg/d，血浆可替宁水平对应每天 50~70 ng/mL 的水平。这种估计是基于观察实际的吸烟者，而不是操控烟碱暴露的实证性研究。它可被看作是重要的研究和讨论的起点。

这项最初的方案之后，大量可用的去烟碱化的卷烟已成为降低烟碱暴露对吸烟行为和主观性措施研究的重要主体[45,132]。烟碱自我给药及相关行为已对试验动物进行了研究[8,113,133,134]。总之，这些研究提供了深入了解极低烟碱水平卷烟的潜在强化作用。

A3.3.1　烟碱的自我给药

Henningfield 及其同事[27,135]研究了吸烟者静脉烟碱自我给药。烟碱的总体反应速率没有可靠地超过那些对生理盐水的反应，尽管对烟碱的反应倾向于更规律性的间隔。Harvey 等[136]为戒烟的男性吸烟者在 3 小时中，静脉注射烟碱（0.75 mg/ 注射液、1.5 mg/ 注射液和 3 mg/ 注射液）和生理盐水。吸烟者更喜欢所有三个剂量的烟碱注射。这些剂量高于吸烟者通常的烟碱摄入量，即 1~4 mg/h，从每小时平均一到两支的卷烟获得[21]。

烟碱自我给药剂量在吸烟者的平均摄入量范围内，受试的男性和女性吸烟者被要求选择静脉注射剂量为 0.1 mg、0.4 mg 或 0.7 mg 的烟碱或生理盐水[137]。0.1 mg 剂量表示了典型卷烟抽吸吸入烟碱量的近似值。0.4 mg 和 0.7 mg 剂量比安慰剂更受欢迎，表明吸烟者的烟碱强化剂量阈值在 0.1~0.4 mg 之间。该发现与烟碱识别研究的结果一致，表明烟碱识别阈值远远低于大多数卷烟品牌传输的烟碱典型水平。吸烟者和非吸烟者之间没有差异，阈值中位值分别为 3 μg/kg 和 2 μg/kg（约 0.23 mg 烟碱和 0.15 mg 烟碱）[80]。但是，如 Hatsukami 等[45]指出，已报道在烟碱识别中有 100 倍以上的个体差异。

更多的烟碱自我给药研究是在动物模型中开展而不是在人体中，烟碱阈值具有类似的结论。Smith 等[8]报道烟碱剂量减少到每次输液 ≤ 3.75 μg/kg 时，大鼠的烟碱自我给药显著降低，而每次输液剂量 ≥ 7.5 μg/kg 时，相对于维持在 60 μg/kg，自我给药率接近或更高。在该项研究中，烟碱与其他烟草成分调配以反映烟草使用的影响。

Donny 等[133]从大量包括获得及维持烟碱自我给药的研究中考

察了剂量 - 效应曲线。他们把获得曲线的峰值设为 20~30 μg/kg。在大鼠、狗、猴子和人体中得到了类似的结果[136,138]。在较低的单位剂量（3.75~10μg/kg）水平，平均响应率随着剂量而增加，但有相当大的个体差异；一些受试者与生理盐水对照组相比获得烟碱自我给药[139,140]。在维持烟碱自我给药期间，通常剂量 - 效应曲线的峰值在 10~30 μg/kg 之间[141-146]。此外，当单位剂量 <10 μg/kg 时，烟碱自我给药降低而且差异性增加。在低剂量范围的强化剂量阈值很少被测定；然而，在低至 3 μg/kg 的剂量，烟碱的自我给药率超过生理盐水的，不管是在限制性获得还是在扩展性获得情况下。结果表明在成年动物中，维持烟碱自身给药的强化阈值可能在 3~7.5 μg/kg 烟碱之间（0.23~0.56 mg），符合（虽然略高于）人类研究中所显示的。然而，在大多数研究中，数量和剂量范围很小，限制了准确性。此外，在一些研究中，给受试者的是受操控的剂量。这不表示吸烟者个体剂量变化会影响烟碱降低策略的实行[132]。

大多数烟碱自我给药研究，包括快速注射高单位剂量的烟碱（每次注射 15~30μg/kg）。Sorge 和 Clarks[147] 比较了大鼠的烟碱自我给药，持续注射 3 秒、30 秒、60 秒或 120 秒，发现缓慢注射优于快速注射；自我给药被认为在低至 3 μg/kg 的剂量。他们的结果表明，缓慢自我给药药理上不同于正常过程，并认为剂量传输过程的时间在确定烟碱强化阈值时发挥着作用。

A3.3.2 烟碱依赖的形成

维持吸烟需要的烟碱剂量可能不同于产生依赖的剂量[7]。对于这个问题，尽管缺乏直接的数据，Donny 等[133] 从比较研究得到的结论是，维持阈值可能低于产生阈值。这一结论符合观察结果，即对烟碱的前期暴露能增加烟碱自我给药的产生阈值[42,143,148]。在青少年中依赖的产生可能不同于成人。如前所述，未成年大鼠和小鼠似乎比成年的更容易受到烟碱的强化作用[41,44,149]，烟碱自我给药更快产生且基线水平高于成年的[40,43,150,151]。成年雄性大鼠比未成年大鼠在低剂量烟碱更可能产生烟碱自我给药的证据与结论相矛盾[140,152,153]。横截面和纵向研究表明，少于每天吸烟的年轻人报告了依赖症状的开始[31,154-158]。尽管比成人每口抽吸小，青少年吸烟者存在生理性地自我给药烟碱活性剂量[159-162]。

在青少年吸烟行为与动机中，期望发挥了重要作用。具体来说，卷烟减少负面影响能力的强烈期望预示着吸烟的增加，不过，由于期望随着吸烟经验增加而变得更强，它的效果趋稳[163,164]。在青少年吸烟者中进行的一项高烟碱释放量及去除烟碱卷烟的研究中，无论所抽吸卷烟的烟碱释放量是多少，吸烟都减少了负面影响。这种作用由期望相关的影响所调节；因此，抽吸高烟碱释放量卷烟并具有强烈的吸烟会减轻负面影响期望的受试者负面影响的降低最大。在非吸烟的青少年中发现影响没有变化[165]。在青少年时期开始吸烟并在随后暴露于烟碱，即使是在日常强化水平之下，可以降低在成年后对烟碱依赖的阈值，尽管奖赏和强化作用大大减弱[35,37,151]。

A3.3.3 低烟碱卷烟的增强作用

临床研究证据表明，去烟碱化的烟草可以提供显著的主观满足感，并立即减少渴望[84,115,166-172]，虽然比例与吸烟者的依赖水平有关[173]。抑制渴望似乎是一个特别稳健的影响，对消退过程不敏感[115]。

含烟碱和去烟碱化的烟气抑制渴望与随意抽烟相同，但静脉注射烟碱对抑制随意抽烟只有很少的效果 [174,175]。

烟碱水平非常低的卷烟可能足以维持吸烟行为。大脑成像表明，抽吸一支烟碱水平非常的卷烟导致显著存在 α4β2 烟碱受体（23%），这种受体被认为是最主要的调节烟碱强化和其他行为影响的受体亚型 [90]。低烟碱水平卷烟的作用可能更多被烟草的非烟碱因素强化。使用去烟碱化的烟草与产生放松感的相关性大于使用烟碱吸入器，表明非烟碱因素是吸烟镇静作用的部分甚至是主要原因 [172]。

对卷烟依赖能以其他方式产生，即使以极低的烟碱摄入量，例如通过受体脱敏，长期暴露于即使是极低含量的烟碱也能发生 [176]。受体脱敏传达了灵敏的烟碱强化作用 [177,178]。

环境也可能在吸烟行为中发挥作用。例如，Donny 和 Jones[179] 发现去烟碱化的卷烟在 9 天的门诊评估中继续其强化特性，而在住院患者的类似研究中 [115]，吸烟动机和抽吸去烟碱化卷烟的数量随着时间的推移有所下降。有人推测减退过程在自然环境中可放慢，可能是因为有许多与吸烟有关的刺激存在 [180]。

A3.3.4　成瘾阈值与强化阈值

没有普遍接受的烟碱或烟草成瘾的定义。世界卫生组织 [181] 依据强制性来定义药物依赖，即在某种程度上使用药物优先于其他行为的行为模式，被认为是对个体或对其他人有损害。美国卫生部部长关于烟碱成瘾的报告中 [99] 也要求药物产生精神类影响，吸毒行为是由药物影响明显强化的。尽管大多数吸烟者符合这些标准，但不是所有的 [23]。

广泛用于识别烟碱成瘾的诊断标准包括《精神疾病诊断与统计手册》（第四版）（DSM-IV），由美国精神病学协会出版，用于评估常见药物依赖，而 Fagerström 烟碱依赖测试是用来评估耐受性和依赖程度。关于这些工具测量成瘾的有效性已被关注。它们之间相关性差，也不能一致地预测吸烟行为的其他指标或吸烟者的治疗结果[182-185]。它们可能也不能在使用烟碱的早期阶段敏感地评估吸烟者的成瘾性，因为它们被开发并验证用于评价末期成年吸烟者[186,187]。

DiFranza 等[25]认为成瘾的诊断标准应该至少当个体决定戒烟时在他们之间区分能或不能戒烟。他们建议成瘾的自我评估应该是黄金标准，因为它与戒烟时自测困难强烈相关（$r=0.89$），与每天吸烟的数量和早晨抽吸第一支卷烟的时间的相关性比 DSM-IV 好[183]。而且，在儿童中确认刚出现的依赖，自我评估比其他方法更好。在一项研究中[188]，青少年成瘾的自我评估预测吸烟的神经反应比 Fagerström 测试更成功。

Sofuoglu 和 LeSage[189]发现关于评价烟碱成瘾的有效方法缺乏共识是降低烟碱策略的一个重大挑战。他们指出，强化阈值的概念不等于成瘾阈值，虽然这些术语有时被互换使用，以及建立一个烟碱阈值水平可能是一个更好的方法。强化阈值会定义为增加或维持烟碱自身给药（即烟草使用）的最低烟碱剂量。烟碱强化阈值会有许多实用优势。首先，它的定义更清晰，并且比成瘾阈值易于测量，因为如果自我给药的程度大于一种工具或安慰剂，这种药物被认为是被强化的[190]。其次，因为如果某种药物不是强化性的，依赖不会发生，烟碱强化阈值可能会低于烟碱成瘾阈值，可能是更敏感的指标，用于预测低于成瘾阈值的烟草使用[190,191]。第三，强化阈值可以在人或试验动物的自我给药短期研究中测量，而且可以很容易地进行调整来评估个体差异（例如年龄、性别、遗传因素）与环境因素（例如压力、同伴影响）[192]。

A3.3.5　条件刺激的阈值

鉴于在吸烟行为强化中条件性刺激的重要性，以及在强化显著性中烟碱的主要作用，应考虑对于非烟碱刺激的强化特性产生是否有一个单独的烟碱阈值。

被训练的大鼠对剂量为 0.4 mg/kg 的烟碱容易对无条件奖赏产生条件反射[193-195]。按 0.1 mg/kg、0.2 mg/kg 或 0.4 mg/kg 烟碱剂量分组训练，显示产生类似的条件反射，但两个高剂量组显示出反应更难以减退[196]。在各组中发生率的相似性可能意味着 0.1 mg/kg 与高剂量烟碱一样显著。一种无显著性的解释包含在烟碱环节中丰富的蔗糖传输调度；也就是说，因为有大量的烟碱 - 蔗糖配对只需要少量烟碱来促进条件反射[193,195]。

Palmatier 等[197] 比较烟碱较低剂量（0.03 mg/kg）和较高剂量（0.09 mg/kg）的影响，推论刺激关联的新的条件特性应在一定程度上依靠最初强化剂的力量或强度。他们得出结论，刺激产生的条件强化特性是剂量增加的直接作用。

这些发现说明刺激控制着烟草寻求行为，将在暴露于高剂量烟碱人群中最有效，并很可能在暴露于烟碱极低产品时大大减少。然而，条件刺激的强度也是由烟碱匹配的刺激的频率驱动的，它与烟碱的相关性有多紧密，那么它与时间和空间的相关性有多紧密。因此，Murray 和 Bevins[196] 建议，如果有足够多的配对，即使本来条件刺激较弱的烟碱剂量，也可能成为一个强有力的刺激物。

A3.3.6　小结

- 试验动物和人体的强化阈值研究显示很强的一致性。这些研究给出烟碱强化阈值的初步估计在 0.1~0.5 mg。
- 当一个自我给药机制的强化阈值更低时，使用卷烟烟碱传输模型更准确。
- 人体的烟碱识别阈值约为 0.2 mg，尽管有大的个体差异。
- 在成年人中，维持阈值似乎低于产生强化行为的阈值。
- 青少年使用烟碱的产生阈值可能不同于成年人。青少年吸烟者每天吸烟率低，但似乎生理上有自我给药烟碱活性剂量。减少负面影响的期望是青少年吸烟的一个主要动机。
- 去烟碱化卷烟中低水平的烟碱可能足以维持吸烟行为。另外，对去烟碱化卷烟的响应可能反映条件性强化作用或表明一些非烟碱成分有重要作用。
- 减少烟碱释放量到低于成瘾阈值的目标需要测量成瘾的可靠方法。没有容易被接受的测量成瘾的方法适用于建立烟碱阈值。依赖的常用测量方法不适用于所有吸烟者，可能无法测量青少年吸烟。
- 提议的可供选择的定义是成瘾的自我评估 [25] 和强化阈值 [189]。
- 高剂量烟碱比低剂量有更强的条件强化作用；然而，即便是低剂量烟碱对条件性强化可能也是足够的，特别是在有许多高度相关性匹配的环境中（如长期吸烟的情况下）。

A3.4 降低烟碱的可行性

大多数降低烟碱行为性影响研究中，使用了商业化的低烟碱产品，包括称为去烟碱化卷烟的产品，如 Quest。这些研究对吸烟者的行为反应提供了有价值的认识，但未必表示这些商业产品有可能成为授权的降低烟碱产品。烟草企业内部资料虽然可能比公开发布的临床研究可靠性差，但可以提供深入了解可能被烟草制品制造商所使用的、商业上操纵卷烟产品烟碱传输和范围的方法[26,198]。

A3.4.1 卷烟烟碱传输

烟草生产商在可控吸烟条件下利用大脑成像来确定从卷烟中传输烟碱的有效范围[198]。比较不提供烟碱、低烟碱量（0.14 mg）或高烟碱量（1.34 mg）的卷烟，只有高烟碱释放量的卷烟，激发潜能的波动统计学上呈显著减少（$P<0.05$）[199]。在一项对烟碱传输剂量范围在 0.12~1.1 mg 范围的六种卷烟类似比较中，传输 0.12 mg 烟碱的卷烟的吸烟电生理效应与无烟碱卷烟是无法区分的，而传输 ≥ 0.21 mg 的卷烟有显著的影响[200]。

卷烟传输烟碱与测量大脑反应的潜能相关性的理论最佳拟合曲线表明，当烟碱作用潜能降低在每支卷烟传输烟碱 0.4 mg 时最大，超出每支卷烟大约 1.4 mg 时没有更进一步的变化。这说明烟气烟碱降低到 ≤ 0.4 mg 可能对吸烟行为有最大的整体影响[201]。在比较限制性和随意抽吸每支商品卷烟传输 0.11~1.04 mg 烟碱的潜能影响中，显示吸烟者中枢神经系统影响相当于全香味卷烟所诱发的，由于存在补偿性，甚至于是最低的烟碱传输[201]。在一项确定高烟碱传输卷烟（0.9 mg）的影响是否等于三支低烟碱传输卷烟（0.3 mg）的影响研究中，在要求很短间隔内摄入单一、相对较大剂量烟碱的放大效应时，潜能影响被成功地模拟。在三支 0.1 mg 烟碱卷烟与一支 0.3 mg 烟碱卷烟的影响相比时，潜能不再相似（$P < 0.05$）。作者认为，烟碱的神经生理学作用显示"阈值 [⋯] 介于 0.1~0.3 mg 之间"[201]——结果符合上述的在"烟碱自我给药"水平之下的结论。

A3.4.2　降低烟草中烟碱的方法

烟草中烟碱的含量与烟气烟碱释放量呈显著性相关[202]，可以很容易地由制造商改变和控制[26,203-205]。烟叶的类型、等级和在烟茎上的部位可以显著地影响烟草中烟碱的含量。通过混合不同的烟叶，制造商可以平衡烟草特性，对烟碱含量存在的差异进行调整，以满足特定品牌和风格的产品标准[206]。在不同烟草类型中发现差异有 10 倍，常见的是差 5~6 倍；例如，香料烟烟碱含量1%，而白肋烟烟碱含量5%[207]。产品差异通过选择烟草来实现，差异性并不限于烟碱，还包括糖和氨的含量、香气和吃味特点，以及相对的粗燥感和刺激性[207,208]。

在加拿大和美国公共研究机构的协助下，为研究目的开发了具有极高、极低烟碱的烟草品系[209-212]。例如，布朗和威廉姆森公司比较含有正常烟碱水平的 1/20、1/2、9/10 的三个白肋烟品系，显示烟气中烟碱水平与烟草中成正比[213]。在其他情况下，细菌降解烟碱而烟叶的其他成分不受影响[214,215]。通过这一过程获得的烟草作为未经处理的烟草被认可[216]。

最早的烟草加工包括蒸汽萃取白肋烟及其烟茎，来减少通常由高含量烟碱带来的刺激性。后来，氨及类似化合物也被萃取[217,218]。处理烟草使天然存在的烟碱盐转变为游离态烟碱和游离态酸。在加热或蒸汽处理中，游离态烟碱从烟草中脱离出来[219]。其他处理方法，如使用溶剂（如 freon*）很容易萃取游离态烟碱，之后，去烟碱化的提取物可能不会再添加回去。萃取过程可以显著减少烟气中烟碱释放，对烟气的主观或感官特性有显著影响[220]。

在去烟碱化品牌 Next 开发之前，菲利普·莫里斯公司进行了降低烟碱研究，包括转基因、酶处理法和提取烟草中烟碱[205]。虽然这些方法没有完全消除烟碱，但达到了 80%~98% 的降低。2003 年由 Vectoe 烟草公司生产的 Quest 牌卷烟，是用转基因烟草制造的。

A3.4.3 去烟碱化或低烟碱卷烟

虽然原则上能够生产完全不含烟碱的卷烟，但在大多数情况下，术语"去烟碱化"表明卷烟中烟碱浓度 ≤ 1 mg。当在标准吸烟机上抽吸时，它们产生的烟碱释放量为 0.05~0.1 mg，相当于标准商业品牌烟碱释放量的 5%~10%[6]。

生产去烟碱化卷烟的主要技术挑战不是降低烟碱释放量，而是维持感官特性和烟气吸引力。最早的提取烟碱的烟草，使用溶剂或蒸汽提取技术，被视为"刺激的"和"无味的"，可接受性极低，无论是哪种烟草类型，尽管使用了加香技术[221]。差异性不只是由于缺乏烟碱，如果将提取的烟碱添加回所试验的卷烟，仍不能还原未被提取的卷烟的味道。其他烟草成分在提取期间，顺带被除去了，包

---

    * 氟利昂，几种氟氯代甲烷和氟氯代乙烷的总称。——中文版注

括蜡质、重烃和精油，而在提取后重新添加时，提高了主观的可接受性。因此，烟碱以外的因素决定了产品的接受性[221,222]。

为了 Next 品牌，菲利普·莫里斯公司使用除去咖啡中的咖啡因的超临界萃取技术，从烟草中除去烟碱[205]。尽管尝试提高选择性以及限制提取的潜在影响，但这个过程改变了烟草的味道特征。烟草提取后的加香和加料体系进行了许多试验[223]；最成功的是基于薄荷的模型，它掩盖了大部分不正常的口味，同时弥补了一些除去烟碱后损失的冲击力[86,224]。

一个内部专家小组进行的 Next 原型扩展测试表明，虽然经烟草提取后的卷烟刚开始是有吸引力的，但持续抽吸一包卷烟导致了接受度差的比例越来越高。当烟碱被添加回烟草提取的卷烟，随着时间的推移，接受度水平没有下降[225]。在对吸烟积极性高的吸烟者所做的一项研究中，对经烟草提取的卷烟的"嗜好"比例随着时间的推移有所改善，表明吸烟者在一定条件下可以调整他们的期望[222]。

A3.4.4 低传输率卷烟中的游离态烟碱

Pankow[75] 和其他人 [76,226] 发现烟气中游离态烟碱的比例对于烟碱传输速率，在从烟草传输到烟气及从烟气传输到喉部后部和肺部的烟碱受体都是关键性的。烟气烟碱释放的标准测量方法不区分烟碱的形态[227]；但是，企业内部文件表明，比较游离态烟碱释放可以更准确地测量对产品的主观反应，特别是在低释放量品牌中[26,226]。

烟气总烟碱显著差异的产品在游离态烟碱传输中相互接近。布朗和威廉姆森公司与万宝路（1.15 mg 烟碱）和高冲击、低释放量产品 Merit（0.64 mg）烟释放量相比，发现每个品牌的游离态烟碱实质上相同（约 0.3 mg）。作者认为，一个人在生理上很难区分这两个品牌[228]。同样地，虽然万宝路的烟气烟碱比云丝顿少，但后者弱碱性物质水平较高，如吡嗪类。这些碱性物质使万宝路"pH略高"，表明等效于挥发性的或"游离的"烟碱，尽管事实上其烟碱水平不高[229]。

发表的卷烟烟气中游离态烟碱的测定方法很有限，表明商业品牌之间的差异用标准吸烟方案是不能确定的[230,231]。游离态烟碱浓度在全香型、淡味的和超淡味的卷烟品牌各类型内是相似的、在类型之间是不同的。滤嘴的通风性增加卷烟主流烟气中的游离烟碱的比例，表明即使没有补偿行为，有通风孔的卷烟提供的总游离态烟碱仍比例较高[231]。

A3.4.5　引起补偿抽吸的产品

当吸烟者从常规卷烟转换到淡味（或低释放量）卷烟时，他们调整吸烟行为，以维持所需的烟碱摄入量[20,166,232]。与传统的低释放量卷烟不同，降低烟碱卷烟不需要通风孔来降低烟气释放量，不出现补偿性，因为容易[13,14,83]。Rose 和 Behm[82] 在单次随意交叉研究中将烟气释放量为 0.2 mg 烟碱、14 mg 焦油的卷烟，与商品化、高通风率、低释放量（0.2 mg 烟碱、1 mg 焦油）的卷烟比较，发现商品化低烟碱卷烟有大量补偿性，而 14 mg 低烟碱卷烟没有明显的补偿性。

Benowitz 等[233] 对吸烟者常用品牌卷烟与调整烟碱释放量为 1~12 mg 的卷烟比较吸烟行为。对于烟碱中等水平的卷烟观察到强烈的补偿行为，但对 1 mg、2 mg 或 4 mg 烟碱（0.1 mg、0.2 mg 或 0.3 mg 烟碱释放量）的卷烟补偿性很小，且烟碱暴露量大大地降低。最低烟碱水平卷烟产生平均 0.26 mg 的烟碱摄入量，而正常品牌传输 1.47

mg 烟碱。对相同烟碱释放量范围（1~12 mg）的卷烟进行较长期的研究，在 6 个月中每月降低烟碱，得出了相似的结果，12 mg 卷烟具有较高的补偿性水平，但最低烟碱释放量卷烟补偿性很少[15]。

Hatsukami 等[14] 在 6 周的转换研究中分配给吸烟者烟碱释放量为 0.3 mg 或 0.05 mg 的卷烟或 4 mg 的烟碱口香糖。抽吸 0.3 mg 卷烟的受试者，在前 5 周的治疗中与普通品牌相比，每天吸烟的数量显著增加，而抽吸 0.05 mg 卷烟的受试者，每天吸烟的数量（相对于基线）显著下降。

这些研究表明，对于减少烟碱释放量的卷烟，可能会有一个阈值，低于此阈值补偿性是不太可能的。这个阈值似乎是烟碱释放量为 0.05~0.1 mg 的卷烟。在没有极度减少烟碱水平（0.2~0.3 mg）时，补偿行为显著增加。

一个类似的阈值可能存在于商品化的、有通风孔的、低释放量的卷烟。在对商品化卷烟为期 10 周的研究中，Benowitz 等[234] 发现从普通卷烟强制转换到流行的低释放量卷烟（机测烟碱释放量≥ 0.6 mg），产生完全的或接近完全的补偿性，而对烟碱或烟气有害物质的暴露量没有降低。当受试者转换到传输 0.1~0.2 mg 烟碱的超低释放量卷烟时，烟碱和烟气有害物质暴露明显下降，虽然不能完全降低（降低约 40%，而标准释放量减少 90%）。

A3.4.6   降低烟碱的产品配方和途径

配方差异在产品被滥用的可能性以及在强化阈值的确定中发挥了关键作用。例如，口用无烟烟草制品的致瘾性风险似乎稍稍低于卷烟[235,236]，而替代烟碱药物的成瘾风险似乎很小[99,237]，即使绝对烟碱传输量可能是相似的。目前，大多数卷烟包含 10~15 mg 烟碱 / 支卷烟，其中大约 10% 是被释放到烟气中。这产生一种典型的每支卷烟 1~2 mg 的系统性摄入量 [6]。设置每支卷烟 0.1~0.2 mg 的烟碱阈值会整体减少约 90% 的烟碱摄入量。

可以考虑各种方法来实现这种减少。可以减少烟草中的烟碱含量，这样每支卷烟的总释放量保持或低于摄入阈值。这将确保每支卷烟的烟碱消耗量低于阈值，无论吸烟者行为怎样变化（即增加频率或抽吸容量）或操纵释放的烟碱的形态，虽然这并不能阻止吸烟者增加吸烟数量来获得更多的烟碱。为制造这样一种卷烟，烟草中烟碱的含量必须比商品化的去烟碱化的品牌（如 Next 和 Quest）降低大约 10 倍。这种降低可能会对烟草的感官或吃味特征产生重大改变。还没有对烟碱在这个范围内的卷烟的可能的行为响应进行研究。

烟草中烟碱含量的减少也可能是机测烟气释放量可能处在或低于这一烟碱阈值。这是商品化卷烟产品 Next 和 Quest 的方法，其烟气烟碱释放量 <0.1 mg，烟草总烟碱含量 <1 mg。含有这种烟碱水平的畅销品牌的存在提供了强有力的证据，说明该方法在技术上是可行的。对降低烟碱的行为反应开展的大多数研究使用了含有这种烟碱水平的卷烟。

符合烟气烟碱摄入量阈值的第三种选择，是改变除了烟草烟碱含量之外的，或与降低烟草烟碱相结合的产品参数。这种方法包括极大的滤嘴通风率、膨胀烟丝含量高、降低烟草含量。这种方法的技术可行性已在商业上被证明，那些极低的超淡型卷烟，即吸烟机条件下的释放大约 0.1 mg 烟碱和 1 mg 焦油。由这种方法制造的卷烟可能维持烟碱 / 焦油比类似于或大于那些目前销售的卷烟，而降低烟碱含量的卷烟会产生极低的烟气烟碱 / 焦油比。它们可能会引起更频繁的补偿行为，例如封闭通风孔和改变抽吸行为。

　　制造商可以操纵卷烟物理或化学参数来改变烟气特性，补偿烟碱释放量的降低。例如，可以添加新型滤嘴改变烟碱的形态（通过加酸或碱），或改变气溶胶颗粒的大小分布，确定烟碱和其他成分的沉积和吸收[26,127,238]。烟草加工工艺的变化，使用添加剂和物理结构参数，包括长度、宽度、水分和堆积密度，可能改变卷烟的燃烧或热解条件，改变烟气的成分和感官特性；或者加入具有独特的行为或感官作用，或与烟碱相互作用或改变烟碱的新的化合物[26,78,128]。因此，监管机构必须注意除了烟碱释放的其他产品因素。

A3.4.7　小结

- 在某一烟气释放量阈值以上的卷烟可能具有药理活性，而低于此阈值（介于 0.1~0.3 mg 之间）不再有效果。
- 在短时间内从一支卷烟的一次烟碱摄入比从多支卷烟的一系列较小的摄入更有效，特别是当它们的烟碱水平较低时。
- 降低烟草的总烟碱含量是烟草行业常见的一种做法。广泛的技术应用包括烟草的选用和加工、遗传选择、微生物或酶处理和选择性萃取烟碱。
- 选择性萃取和转基因都能生产烟碱含量减少了 80%~95% 的烟草。
- 降低烟碱的烟草不同于未改性烟草的感官特性，部分原因是缺乏烟碱，而且还附带损失了一些化合物，如蜡质、烃类和精油。
- 总烟碱摄入量只是烟碱整体感官和药理作用的一个测量方

法，且不区分烟碱的形态。游离态烟碱主要负责烟碱的感官影响，可能是一个更准确的主观或生理影响的测量方法，特别是对低的或降低烟碱的产品。

- 减少烟碱释放量的卷烟，可能会有一个阈值，低于此阈值补偿是不太可能的。这个阈值似乎在 0.05~0.1 mg 的烟碱范围内。在不是极端地减少烟碱的水平（0.2~0.3 mg）的情况下，补偿行为显著增加。

- 转换到除去烟碱的卷烟（0.05 mg 烟碱）或烟碱释放量极低的传统卷烟（0.1~0.2 mg）的研究中，报道了类似的结果，尽管在结构上有差异，从烟丝中能获得更多烟碱。

- 降低卷烟中烟碱释放量到低于 0.1 mg 的阈值需要将目前去烟碱化产品再减少 10 倍。此类产品的可行性和行为反应是未知的。

- 大多数关于行为反应的研究使用了降低烟碱烟草制成的卷烟，它的机测烟气烟碱释放量在 0.1 mg 阈值附近。

- 卷烟的物理和化学参数可以被操纵，包括加入新的化合物，来改变颗粒的尺寸分布、燃烧和热解等基本特征。一定要注意产品除了烟碱释放之外的其他因素。

A3.5　潜在的行为效果和人群效果

去烟碱化卷烟可以减少抽吸传统卷烟，提供一个暂时性替代行为，消除烟碱主要强化效果，从而在一段时间内减少渴望[239]。上述证据表明，尽管吸烟者更喜欢含烟碱的卷烟，但减少烟碱的卷烟能提供主观满足感，立即减少渴望。有些人在强制减少烟碱后可能继续吸烟，是因为上述强的替代效应，或是因为卷烟的烟碱释放量仍然大于他们的强化阈值[45,240]。

在行为模型中，减少烟碱卷烟对个体影响的证据被用于预测人群效果。然而，几乎没有开展低烟碱卷烟在非吸烟人群中使用和使用低烟碱卷烟长期影响的研究。

A3.5.1　对卷烟消费量的潜在影响

行为经济学研究提供了关于吸烟者消费的信息。例如，DeGrandpre 等[241] 关于烟碱释放量对吸烟行为的影响进行了 17 项研究的"需求曲线"元分析。他们发现消费和烟碱释放量存在强相关性，表明降低吸烟者通常的烟碱释放量增加他们的吸烟行为。

使用含烟碱和去烟碱化卷烟的研究表明了类似的变化，增加单位价格导致类似的自我给药减少。不过，当这两种类型卷烟在同一单位价格范围内时，含烟碱卷烟是确实的首选。研究表明，吸烟动作对经常性吸烟者有强化作用，无论卷烟的烟碱释放量，并指出，去烟碱化卷烟充当含烟碱卷烟的一种有效的行为上的经济的替代品[242,243]。

增加含有烟碱卷烟单价的同时保持去烟碱化卷烟或烟碱口香糖的价格，后者的消费不断增加[244]。但是，当两个替代品都可获得时，烟碱口香糖的消费减少，但去烟碱化卷烟不减少[245]。同时增加去烟碱化及含烟碱卷烟的价格，会导致口香糖消费增加。这些结果表明，烟碱替代品比如药品、口含烟草或含烟碱电子烟的供应，可能会直接影响到卷烟的自我给药，无论卷烟的烟碱释放量。

A3.5.2 对吸烟行为的潜在影响

转换到降低烟碱释放量卷烟能引起温和的戒断症状 [13,14,234,246,247]，表明戒断症状可能激发吸烟的增加。然而，很少有证据表明烟碱释放量 0.05~0.1 mg 的卷烟导致补偿性吸烟，像上述的"导致补偿性吸烟产品"显示的。Strasser 等 [248] 发现抽吸降低烟碱卷烟（Quest3，0.05 mg 烟气释放量）的受试者增加了他们的总抽吸容量。然而，受试者的反应只在第一次使用研究的卷烟时进行了评价。使用减少烟碱的卷烟在数天或数周的研究中一致发现补偿性吸烟没有增加，事实上吸烟随着时间的推移呈下降的趋势，可以预期行为上的消除过程。超过 9 天的吸烟行为的测量显示初始抽吸容量的差异随着研究的进展而消失，表明通过转换为减少烟碱的卷烟抽吸行为可能只是暂时性中断 [179]。在 11 天的评估中，受试者抽吸减少烟碱的卷烟显示非限制性吸烟少于含烟碱的卷烟 [115]。Hatsukami 等 [14] 发现在 6 周治疗期间有类似的减少。在 26 周的研究中从 12 mg 到 1 mg 逐步减少烟碱释放量 [15]，卷烟消费基线与 14 周之间的（烟碱释放量达到 4 mg）保持不变；从这个点到研究结束时，卷烟消费明显下降到每天 4 支卷烟，通过测量血浆可替宁，烟碱的摄入量降至基线水平的 30%。

在大鼠自我给药的研究中，减少剂量整组没有引起戒断症状；然而，在某些个体引起戒断症状、补偿性的严重程度不能确定差异 [249]。这些结果补充了报告，很大部分减少由烟碱特异性抗体诱导的大脑烟碱水平，不足以引起慢性烟碱注入产生依赖的大鼠的戒断症状 [250]。这些研究结果表明，对于大多数个体断瘾症状不是减少烟碱摄入量的突出的负面后果，在非常低的烟碱水平（0.1 mg），抽吸强度增大、每天吸烟更多等形式的明显的补偿性吸烟行为是不可能造成的后果。

A3.5.3　对戒烟的潜在影响

在实验室和门诊环境的研究表明，使用减少烟碱的卷烟 1~2 周削弱了吸烟的强化作用 [82,115]。在进行了 6 周或以上的临床试验中 [14,15,234]，吸烟者在使用减少烟碱的卷烟后，报告始终显示有较少依赖性。

减少烟碱的卷烟可作为戒烟初始阶段的应对机制，取代一些与吸烟有关的条件性仪式，如手到嘴的动作，吸烟的触觉动作、抽烟在口腔和喉咙的感官 [251]。在开始戒烟的吸烟者中，对转换到 0.3 mg 卷烟的吸烟者持续戒烟到第 6 周是 13.5%，0.05 mg 卷烟组是 30.2%。这意味着减少烟碱政策将帮助吸烟者，当他们正在积极试图戒烟时更有可能实现戒烟 [14]。

然而，减少烟碱卷烟可能不仅对寻求治疗的烟民，而且也在以前没有表示愿意戒烟的人群中帮助戒烟。Benowitz 等 [13] 发现，25% 的受试者 6 周逐步减少烟碱释放量的卷烟试验结束后戒烟 4 周。在同样设计的研究中，10% 的以前没有兴趣戒烟的受试者在逐步减少烟碱释放量后戒烟 [234]。在逐渐减少烟碱 6 个月后，戒烟率为 4% [15]。

减少烟碱的卷烟对戒烟的影响可能会增加基于烟碱的治疗。当吸烟者被转换到减少烟碱的卷烟（0.05~0.09 mg 烟碱）、有或没有烟碱贴片 6 周，无贴片组比贴片组每天抽更多的烟，有更多的戒断症状，虽然两组渴望的分数相似。在 36 周的后续观测中，那些仅使用减少烟碱卷烟的吸烟者继续戒烟达到 18%，使用减少烟碱卷烟和贴片组合的是 20% [252]。在另一项研究中，使用减少烟碱卷烟和烟碱贴片的吸烟者，吸入卷烟烟气的总量较小，比没有贴片组戒断症状减轻更多 [179]。

Walker 等 [251] 在有或没有通常的戒烟热线服务（烟碱替代疗法和行为上的支持）的情况下，使用去烟碱化的卷烟进行了一项随机对照试验。二者结合的戒烟率高，复吸时间较短，有良好的可接受性。试验提供了强有力的证据，烟碱替代治疗和行为支持与减少烟碱卷烟的结合是一种有效的戒烟策略。

A3.5.4　对卷烟使用购买的潜在影响

减少烟碱政策对开始吸烟的影响尚未被量化描述。引用上述对"烟碱依赖的产生"研究，说明卷烟可以减少负面影响的期望对引起青少年吸烟方面起着主要作用[163,164]，在青少年吸烟者中，去烟碱化卷烟对负面影响的减少可以比得上含烟碱的卷烟。但是，在不吸烟的青少年中，减少烟碱的卷烟的影响无明显变化[165]。这表明，在没有烟碱急性影响的情况下，不太可能加剧不吸烟青少年的吸烟行为。建立不吸烟青少年减少负面影响的阈值，将会证实这个假设。

减少烟碱政策对成人不吸烟者使用低烟碱卷烟的影响尚未研究。烟碱鼻喷雾剂的自我给药在依赖性和非依赖性吸烟者中是相似的，两组都比前吸烟者和非吸烟者更频繁。在不吸烟者中，自我给药直接关系到愉悦的效果，但与负面影响相反[253]。在开始吸烟后，积极性和消极性的强化预期都明显变化[254]。在青春期接触被降低的烟碱可能会减少在成年后对烟碱依赖的脆弱性（见上述的"烟碱响应的个体差异"）。应对不吸烟者和非依赖性吸烟者使用减少烟碱卷烟的效果进行更多的研究。

A3.5.5　潜在的不可预料的行为后果

青少年试验减少烟碱的卷烟可能会增加他们滥用其他药物的

成瘾风险[45]。在试验动物中，未成年大鼠非常短地静脉暴露于烟碱（4 天中每天注射两次 0.03 mg/kg）使它们对可卡因的强化作用更敏感[255]。这一每日剂量相当于从 4 个标准卷烟（4.2 mg）或大约 40 支减少烟碱的卷烟的烟碱摄入量。

减少卷烟的烟碱可作为高烟碱产品的启动产品，方式相似于游离态烟碱水平低的无烟烟草制品所显示的[254]。减少烟碱的卷烟和烟碱释放量较高的烟草制品同时使用，如口嚼烟草或小雪茄，还可能产生对有害物质更大的暴露[45]。

A3.5.6　潜在的人群差异

如在上述"对烟碱响应的个体差异"观察到的，烟碱以外的因素可能决定女性的烟草依赖。女性对操控烟碱暴露做出的反应比男性更少，对操控非烟碱烟气成分比男性更敏感，如感官提示[52,56,125]。至少有一些差异比来自吸烟的慢性烟碱暴露引起依赖的发生更重要[125]。降低烟碱卷烟在更大程度上缓解愿望[172]，有更多积极的主观影响（满足感、放松、减少焦虑），且与男性相比，在女性中产生的吸烟意向减少更多[257]。这些观察表明，女性比男性更容易存在长期持续使用降低烟碱的烟草的风险；不过，在一项戒烟研究中，4 周连续戒烟，结合烟碱替代疗法的锥形减少烟碱对女性比对男性有很大的影响[239]。Walker 等[251]观察到在结合戒烟热线干预的影响中，没有性别差异。

在患有严重精神疾病的人群中，减少烟碱的潜在不利影响仍然令人担忧。Tidey 等[258]研究了在患有精神分裂症的吸烟者中低烟碱卷烟的影响。去烟碱化卷烟与抽吸普通品牌卷烟相比减少了对卷烟的渴求、烟碱戒断症状、吸烟戒断症状，且耐受性好；没有迹象表明烟碱的减少影响精神症状。然而，去烟碱化卷烟替代含烟碱卷烟对患有精神分裂症吸烟者与对照组吸烟者相比很少有效，表明如果含烟碱的替代品是可用的，精神分裂症患者长期使用低烟碱卷烟是不太可能的。在抑郁症或其他严重的精神健康障碍患者中，应开展减少烟碱的进一步研究。

A3.5.7 潜在的健康影响

Hatsukami 等 [14] 报告了转换为减少烟碱卷烟的吸烟者的有害物质暴露显著减少，包括烟草特有亚硝胺、丙烯醛和苯，虽然多环芳烃暴露没有被测量到减少。亚硝胺的减少与烟草中测量的水平降低相一致，而其他有害物质的差异被认为反映了吸烟的减少。这些结果表明，减少烟碱政策可能会减少健康风险，不仅在戒烟人群中，也在未产生烟草依赖的人群中，还在无论是否降低烟碱继续使用烟草制品的人群中 [259]。

烟碱的摄入量可能的减少是另一个潜在的健康好处 [82,259]。虽然烟碱以外的烟草成分是引起烟草相关疾病的主要原因，烟碱通过使血管收缩可能有助于心血管疾病的发展，促进与动脉粥样硬化血栓的形成，影响胰岛素的敏感性 [260,261]。烟碱还能促进侧支血管 [262]，这可能会增加肿瘤的血液供应，抑制细胞凋亡，促进肿瘤 [263]。Girdhar 等 [264] 提出假说，烟碱通过降低血小板活化调节其他烟气成分产生的心血管疾病风险。减少卷烟中的烟碱释放量会因此增加心血管疾病的风险；然而，使用纯烟碱作为烟草替代品没有被报道是有害的，表明使用烟碱的直接健康影响最小。

在新西兰进行的关于使用减少烟碱的卷烟的人群和那些只给烟碱替代治疗和戒烟热线干预的人群研究表明,不良健康情况无显著性差异[251]。强有力的证据表明,转换到减少烟碱卷烟相关的健康风险接近或低于传统卷烟,但需要更多的研究。

A3.5.8 非法销售含烟碱卷烟产品的可能性

一些研究显示走私作为促进其产品在低收入和中等收入国家销售的一种手段对卷烟制造商的重要性[265,266]。大多数非法卷烟销售是供应驱动的,仍很常见,即使价格和消费税很低[267]。走私率可能高达所有销售量的 1%~15%[268-270]。

没有已发表的在减少烟碱的卷烟市场非法销售的高烟碱卷烟的可能性研究。Givel[271] 描述了于 2004 年在不丹颁布的终止烟草消费的销售禁令的后果,仅允许少量用于个人消费的烟草进口。走私和黑市销售在禁止后增加,足以在不丹男性中满足 10% 的吸烟率。

在减少烟碱政策中,同时呼吁减少烟碱的卷烟,以及烟碱替代产品的可用性和吸引力,会影响非法烟草销售的程度[272]。在加拿大,走私卷烟的吸引力被年轻人认为低于畅销品牌,表明走私卷烟的可用性可能对成瘾吸烟者的吸引力大于新手或尝试吸烟者[273]。然而,走私卷烟的可用性也与戒烟可能性降低和尝试戒烟减少有相关性[274–276]。

A3.5.9 人群影响模型

Tengs 等[4] 模拟减少烟碱的人口影响在美国进行了超过 6 年的

时间。假设吸烟率下降了 80%，由于补偿行为，在现有吸烟者中死亡率增长 10%，每年 10% 的吸烟者进入黑市，他们估计 50 年中累计获得 1.57 亿的质量调整寿命。然后，他们以多种方式改变模型参数，并得出结论：只要戒烟率提高 10% 或以上，复吸和开始吸烟减少 10% 或以上，补偿行为增加吸烟者的死亡率不超过 80%，则对于质量调整寿命仍为净增加。值得注意的是，经过一系列合理的估计（所有吸烟者的 0%~50%），无论进入黑市的程度，质量调整寿命一致地增加而不是减少。

另一个模拟模型中所估计的健康后果，假设减少烟碱会降低每个年龄段和性别的人群引发吸烟的概率，戒烟的概率会增加，有吸烟史者不太可能复吸[277]。作者还模拟了减少烟碱卷烟作为"更安全"卷烟促销的可能性，将恶化所有三个后果，是从 –80% 到 +80% 以 10% 增量改变行为的可能性来估计后果。他们得出结论，吸烟减少 60%（开始、使用、复吸）会抵消在继续吸烟的人群中的补偿性吸烟造成的伤害，或其他不能预料的健康后果的任何合理增加（≤50%）。开始吸烟、使用、复吸适度减少 20%，在继续吸烟者中的疾病风险降低 20%，将导致累计 1.65 亿质量调整寿命，而开始吸烟、使用、复吸大幅降低 80%，在不改变继续吸烟的人群的疾病风险的情况下，将会导致估计 2.81 亿涨幅的质量调整寿命。

由加拿大卫生部委托研究了在加拿大降低所有烟草制品烟碱政策潜在影响模型[278]。这项研究基于文献审查和与卫生专家的访谈。所考虑的后果是开始和停止吸烟，黑市销售增加，替代卷烟的其他烟草制品，以及潜在的补偿行为。据估计，这一政策评估了对开始和停止吸烟的影响，在不存在对黑市销售的影响、替代品和补偿性的情况下，30 年后，将减少烟草相关疾病治疗费用 19%。假设在黑市份额从 15% 增加到 50%，则使利润降低 40%。减少烟碱标准对死亡率的好处主要是由于对戒烟的影响，而对发病率的好处主要是由于对开始吸烟的影响。

A3.5.10　小结

- 吸烟的行为对成瘾的吸烟者有强化作用，无论烟碱释放量是多少。去烟碱化卷烟可以作为一种有效的行为上的含烟碱卷烟的经济替代品。

- 是否有可选择的烟碱替代品，如烟碱药物、口含烟草和含烟碱的电子卷烟，会直接影响到卷烟的自我给药，不管卷烟本身是否含有烟碱。

- 对于大多数个体，减少烟碱摄入量，戒断症状不是一个突出的不良后果，更大的抽吸强度或每天吸烟更多等形式的重要补偿性吸烟行为，在非常低的烟碱水平（<0.1 mg）是不可能产生的后果。

- 当吸烟者作出积极尝试戒烟时，减少烟碱政策更有可能帮助他们实现戒烟。一些研究中使用减少烟碱卷烟提高了戒烟率。

- 非吸烟的青少年在没有烟碱的急性影响时不太可能加剧他们的吸烟行为。确定不吸烟青少年的减少负面影响的阈值，将会证实这个假设。

- 尚未对非吸烟者和非依赖性吸烟者对减少烟碱卷烟的使用和影响开展充分研究。不吸烟者对减少烟碱卷烟的自我给药，与愉悦感直接相关，和负面影响成反比。

- 青少年接触低浓度的烟碱会增加他们滥用其他药物的成瘾风险。低烟碱产品也可以作为其他形式的烟草产品或其他形式的烟碱传输的初吸型产品。

- 女性比男性更有可能维持减少烟碱烟草的长期使用。减少烟碱对精神分裂症患者心理健康症状没有负面影响；在其他人群中的风险应进行更多的研究。

- 减少的烟碱不仅可以在戒烟或未产生烟草依赖的人群中，还在尽管减少了烟碱仍然继续使用烟草产品的人群中减少健康风险。需要更多的研究。

- 烟草非法销售可能破坏烟碱降低政策的健康目标。虽然还没有进行正式的估计，但减少烟碱的卷烟的吸引力、烟碱替代品的可用性和吸引力都可能影响到烟草非法销售的显著程度。

- 已设计了各种模型来估计减少烟碱政策可能的影响。都显示出对健康后果显著的积极影响。

A3.6　降低烟碱的政策手段

许多作者提出了在减害模型中更安全产品比毒性大的产品更有吸引力的背景下，减少卷烟的烟碱释放量[272,279–284]。监管框架是支持减少烟碱政策的关键，同样尊重吸烟者和非吸烟者发展和维持使用烟草或烟碱所产生的商业市场，以及影响和支持这种行为的社会环境。

A3.6.1 对烟碱的全面管制

减少卷烟烟碱释放量政策的影响将很大程度上取决于可用性、毒性和替代烟碱传输系统的吸引力，包括其他形式的烟草（可燃或不燃的）、烟碱药品和商品化非烟草类烟碱产品[45]。因此，一个成功的减少烟碱政策必须综合监管所有烟草类和含烟碱的制品[3,5,7,280,281]。

监管烟草和烟碱的单一机构将允许协调对于不同产品的方法[280]。这个机构将负责决定如何管制烟草和烟碱产品，制定性能标准，授权产品的健康或其他声明，评估市场上的产品，以及评估其人口影响。全面的监察系统必须快速响应任何意料之外的烟碱使用或健康后果的变化[7,280]。

综合监管烟碱的主要目标是减少使用最有害的烟碱产品，鼓励发展新的、改进的烟碱传输系统作为毒性强的产品的替代品，并且继续监察和监管毒性较低的产品对健康的影响[3,6,280]。政策手段可被视为是激励吸烟者采用危险性减少的烟草产品或烟碱的使用，包括限制准入、销售和使用，以及差别课税，如对卷烟和燃烧类烟草的税收远高于清洁的烟碱传输产品[6,281,285]。

A3.6.2 绩效标准

绩效标准是必要的，以确保实施减少烟碱政策[284,285]。许多办法可以用来考虑确定烟碱产品的标准，如限制烟碱的传输或吸入，或在每口抽吸的水平上定义所限制的单口烟碱剂量。然而，最有前景的方法，是关注未燃烧卷烟中可用的总烟碱含量，因为它更容易测量，且不受制于行为上的操控及个体差异（参见上述"减少降低的产品配方和途径"）。

本附录提出的证据表明，减少卷烟的烟碱释放量到 <1 mg 就足以减少吸烟人口的依赖比例，不利的影响最少。这个证据来自于研究使用烟草烟碱含量极低的卷烟，其设计参数和构造类似于传统卷烟的标准。可能甚至很有可能为烟草的烟碱含量制定的专门绩效标准，将鼓励发展烟草烟碱含量极低的卷烟，但在形式和功能上完全不同于传统卷烟。例子可能包括以更容易被利用的形式（游离态）释放烟碱的产品，改变粒相的形成或烟碱的沉积，以单个剂量完全释放烟碱的量，鼓励并使许多卷烟的使用能够维持烟碱剂量，或包含烟碱类似物和其他活性药物成分，以增强或替代烟碱的影响。

绩效标准必须应对不断变化的市场 [7,18,22,285]。初始标准应对传统卷烟相似的产品的各个基本物理特征的，包括烟草重量、长度、圆周、滤嘴、纸和通风孔方面进行要求 [286]。必须仔细评估新产品和技术，只有当它们降低风险、致瘾性和吸引力已被充分证明时才能获得商业销售许可 [7,18,287,288]。

成瘾和伤害的全球标准最终应通过 WHO《烟草控制框架公约》设置 [281]。这种全球标准可能包括进一步的产品标准，如对有害物质（例如亚硝胺类）的限制，对物理设计参数的限制，如导致支持补偿性行为（例如通风）、增加产品吸引力（例如薄荷醇）的香料和其他因素。每个标准的影响必须仔细地评估 [18,281,284,285]。

A3.6.3　逐渐性降低与急剧性降低

在 Benowitz 和 Henningfield[1] 最初的建议中，呼吁在 10~15 年

中减少烟碱释放量,以尽量减少潜在的戒断症状及其他实际问题。然而,逐渐减少烟碱可能有负面健康影响[45]。首先,个体会在较长时期暴露于维持他们吸烟行为的烟碱剂量。其次,渐进的市场范围的烟碱释放量的转变可能会以无法预料的方式改变吸烟者与烟碱的关系,可能会调整成瘾的阈值[8];例如,在烟碱自我给药奏效的初期,如果它们在盐水替代以前接收到中等程度的剂量降低,则改用生理盐水的大鼠能更缓慢地消除成瘾[139]。

没有经过多年过程降低烟碱的影响模型。但是,在几周或几个月逐渐减少烟碱的研究中,表明烟碱消费可以逐渐减少而无显著补偿性。此外,当锥形减量完成时,烟碱摄入量保持在低于基线的水平,表明减少了对烟碱的依赖[13,15,234]。每天吸烟减少的程度与烟碱依赖之间发现有强的相关性,这种观点支持下逐步减少烟碱摄入可以减少依赖[289]。回顾文献,Walker 等[290] 得出结论,逐步减少卷烟烟草中的烟碱水平可以减少吸烟者对烟碱依赖,补偿性吸烟最小(烟气烟碱水平 <0.1 mg 时),且无不良影响。

即使立即减少烟碱可能也会在减少吸烟率和依赖性方面都很成功。吸烟者突然从自己的卷烟转换到减少烟碱卷烟 6 周,显示出暴露降低、消费减少以及戒烟率较高[14]。同样,在 11 天的转换研究中,卷烟消费立即下降,吸烟的动机降低[115]。

逐渐和立即减少烟碱的剂量导致大鼠产生相似的自我给药行为,两组都无补偿性[8]。在戒烟之前中等程度地减少消费对戒烟率的影响进行无分析表明,"戒烟日"之前减少吸烟数量与之前没有减少而突然戒烟之间没有区别[291]。总之,这些研究结果表明,卷烟中烟碱的剂量可以迅速减少而在吸烟者中无显著性不利影响。

A3.6.4　烟碱的可替代形式

面对减少烟碱的产品，有些吸烟者有可能转换到包含更多烟碱的产品。替代烟草产品的吸引力可能增加，如口含和无烟烟草制品、水烟、斗烟和雪茄，如果它们能比减少烟碱的卷烟更有效地替代传统卷烟（参见上述"对卷烟消费量的潜在影响"）。燃烧类烟草比非燃烧类烟草更有害，后者比清洁烟碱产品（如贴片和口香糖）更有害[17]。鉴于这种全体产品的危害性，似乎不只强制减少卷烟中的烟碱，而且是减少所有燃烧类烟草产品的烟碱更可取，从而最小化转换到最有害产品的风险[285]。

释放烟碱的药品，比烟草产品更安全，但设计上不具吸引力以避免滥用，不适合长期使用[287,288]。虽然这些产品可以帮助吸烟者克服戒断症状，但它们不提供足够的积极性奖赏作用（特别是快速地、有效地传输烟碱），是合理的烟草产品替代品[292]。

电子烟设计具有复制吸烟动作的明确目的，不含烟草[285,293]。这些产品及类似产品可能是更切实的卷烟替代品[294]，对其使用性和接受度的证据正在快速地积累[293,295–297]。电子烟产生烟碱和其他成分的蒸气，通常包括甘油和丙二醇。目前，它们主要用于戒烟，虽然时间比烟碱替代疗法长[297]。使用者认为它们比抽烟更安全[297]。

电子烟比烟碱吸入剂更有效和更迅速地传输烟碱[298]，但不如传统卷烟有效[293,298]。它们显著地减少渴望，由于至少部分具有卷烟的物理感官特征，仅在烟碱传输方面[293,299]。至少有一些电子烟提供可靠的血液烟碱水平（在抽吸 10 口之后 10 分钟时，平均值为 6.77 mg/mL；在随意抽吸结束时，最高平均值为 13.91 mg/mL）。它们减少与烟草有关的戒断症状和抽烟的冲动，提供直接的积极影响，有很少的不良影响[295]。

A3.6.5 戒烟与行为治疗

当烟碱降低到非致瘾水平，可能想戒烟的吸烟者人数会急剧增加[2,6]。很多吸烟者会看医生进行烟碱替代治疗或行为治疗来辅助戒烟或缓解戒断症状。医疗保健专业人士提供的具有有效性、可负担得起的治疗，会在确保政策成功中是极有用的[5,6,285]。保险方案的覆盖范围是至关重要的，为有较大不利影响的人群提供个性化服务，如有精神障碍并发症的人群[2]。药物治疗的广泛性不仅减少了降低烟碱卷烟相关的不适，也大大降低了卷烟的抽吸，并可能引起一些或许多的现有吸烟者戒掉所有烟草和烟碱产品。

A3.6.6 监测

公共卫生团体已经慢慢认识到监管或减害方法潜在的限制，尽管刚出现它们无效性的证据[22,281]。适当的监测系统会准许监管机构监督烟草产品对流行性和初学者的影响、相关的危害性以及处理意料之外的后果[7]。对所有烟碱和烟草制品强制性报告的规定，如在加拿大采用的，以及 WHO《烟草控制框架公约》第 9 条和第 10 条中所述的，是适当监督的必要条件。报告应包括物理设计参数（烟草重量、烟碱含量、过滤通风）、烟草和添加成分、释放物（对燃烧类产品）、滥用可能性的措施[7,18,281,287]。

Hatsukami 等[7] 和 Stratton 等[17] 描述了一个综合评价烟草产品的方法，它可以有效地对减少烟碱的卷烟进行不断地评价。该方法包括：实验动物的临床前测试，以评估滥用的可能性，未成年和成年动物烟碱自我给药的产生，以及影响功能的神经生理学变化；成像、实验室试验和人体临床试验，以确定滥用的可能性，烟草使用模式，有害物质暴露，以及在普通人群和易感人群中潜在的健康风险；调节因素的评估，包括消费者对产品的认知，产品吸引力，产品包装、价格和促销[7]。

虽然在大规模吸烟者研究中测试生物标志物是评价疾病风险的一个大有前途的方法，但它在缺乏资源的国家是不可行的[281]。烟草产品的复杂性以及评估毒理学结果需要专门知识，滥用的可能性或对其他后果的评估，可能是另外的障碍。McNeil 等[281]呼吁建立全球数据库，以促进实现全球烟草产品的监管和监测。该数据库将减轻监管机构收集和分析数据的负担，能进行全球化对比，以容易理解的形式使国家监管机构了解信息和建议。

A3.6.7 消费者教育和信念

减少烟碱政策的影响在一定程度上取决于如何有效地沟通风险，取决于降低烟碱卷烟与其他烟草或烟碱产品吸引力的比较。减少烟碱产品更安全的信念会减少戒烟或切换到更安全替代品的可能性，并鼓励更多地尝试卷烟。

有限的证据表明，吸烟者认为减少烟碱的卷烟危害性较低。Shadel 等[300]评估了暴露于一张无烟碱产品（Quest）的平面广告之后的看法。吸烟者得出了一些有关产品的错误推论：焦油释放量更低，是"更健康的"，也不太可能导致癌症。菲利普·莫里斯公司的去烟碱化品牌 Next 的开发是针对对无烟碱产品感兴趣的人群，这些人认为这类产品是更健康的并且可能使戒烟更容易的 [205]。

尽管吸烟者对减少曝露的产品感兴趣，但对降低暴露产品的健康声明表示怀疑，怀疑是否真的会转换到这类产品，以及产品口味是否和传统卷烟一样好 [301]。这些以及其他的反应可能受制造商对市场营销，和在支持减少烟碱、烟草和其他烟碱产品的可用性和公众的了解等方面宣传策略的影响。吸烟者和非吸烟者都必须了解不含烟碱烟草的健康风险，可用产品的相对危害性，及对于治疗的作用。烟草和烟碱产品的营销必须坚决被监管 [7,281]。

A3.6.8　公众对降低烟碱政策的支持

在美国进行的研究显示公众对强制减少烟碱有较强的支持。在一项 511 名非烟者和 510 名吸烟者的调查中，65% 支持将卷烟中烟碱降低到不致瘾的水平；其中包括 73% 的非吸烟者和 58% 的吸烟者。超过 3/4 人以上（77%）的受访者，包括 81% 的非吸烟者和 74% 的吸烟者说，如果能减少儿童对卷烟的成瘾，他们会支持减少烟碱。非吸烟者比吸烟者更可能支持降低卷烟中的烟碱水平 [302]。在另一项调查中，67% 的吸烟者说他们会支持食品药物管理局（FDA）的监管，使卷烟减少致瘾性，如果"非卷烟形式的烟碱是容易获得的" [303]。采用横断面方法对 2649 名成年人的调查中，近半数支持减少烟碱，包括 46% 的不吸烟者，49% 的有吸烟史者和 46% 的现吸烟者。在那些打算在未来 6 月内戒烟的吸烟者中支持度最大 [304]。这项调查是三项中唯一的一个，包括一个中立的反应选项，近 27% 的受访者选择此选项，这可能解释与其他调查的接近的一致看法。

A3.6.9　未知的市场影响

缩减含烟碱卷烟的供应可能会在上瘾的吸烟者中增加对走私卷烟的需求 [6]。减少非法卷烟销售需要有效的监控策略 [7] 以及限制走私市场的政策 [268]。大多数世界范围的走私是大规模、有组织的，烟草制造商出口卷烟集装箱到没有合法市场的国家 [267,268]。对控制走私成功的尝试包括生产厂家承担安全运输卷烟到合法市场的责任。

产销监管链标识要求生产商在所有烟草制品包装上清楚地印刷标识制造商的唯一的序列号、日期和生产商地址及其他显示产销链——批发商、出口商、经销商和终端市场的识别符。其他成功的反走私措施包括用于检测的扫描仪、包装上醒目的财税标识、更强的处罚力度、更多的海关官员和议会听证会揭露烟草行业出口活动等做法。这些方法在意大利、西班牙大约分别减少走私卷烟 15% 和 1%~2%，在英国显著地减少 [268]。自愿的办法没有可衡量的影响。

除了大规模、有组织走私，非法贸易还包括假冒伪劣产品。这些产品可能含有等级很差的烟草，有害物质水平很高，或对使用它们的吸烟者存在其他意外风险。但是，正如 Benowitz 和 Henningfield[6] 指出的，很难想象经营监管之外的假冒卷烟产品企业的增长在规模上足以匹敌现有的卷烟市场。

未被监管的可燃烧类烟草，如自卷烟，可以成为商品化卷烟的一种替代品。其他可能性包括大量同时使用减少烟碱卷烟结合烟碱传输装置，改变 pH 或添加剂来提高商品化产品的药理作用，长期使用减少烟碱产品产生的重要的、不可预料的行为上的变化。更有吸引力的替代烟碱产品的可用性可能会起到检查这些意想不到的市场效果的作用 [6,7]。

A3.6.10　小结

- 全面协调地监管所有烟草和含烟碱的产品是减少烟碱政策成功执行的必要条件。

- 调节在卷烟烟丝中含有的总烟碱释放量是减少烟碱的最有希望的方法，因为它更容易被测量，减少行为操控和变化的主观影响。

- 专门为烟草烟碱含量制定的绩效标准可能会鼓励研发包含较少烟草烟碱的卷烟，其在形式和功能上与传统卷烟十分不相同。

- 必须仔细评估新产品和技术及其商品上市许可，仅对已被充分证明降低风险、致瘾性和吸引力的产品。

- 在几年的过程中逐渐减少烟碱可能会产生意想不到的后果，还有待研究。无论是在几个月中逐步减少还是立即减少，均存在不良影响或导致补偿性吸烟。

- 吸烟者可能会转向替代产品。其中最有前途的是电子烟和其他装置，能提供烟碱并具有卷烟的感官特性，但并没有烟草。

- 行为辅导和药物治疗以协助有明显戒断症状和希望戒烟的吸烟者，应为减少烟碱提供更广泛的支持。

- 适当的监测体系是必要的，使监管机构监督减少烟碱的卷烟对流行性和初吸的影响，并评估相关危害性和意外后果。不能支持大规模监测体系的国家可能需要援助。

- 降低烟碱产品更安全的信念可能会降低戒烟或切换到更安全的替代产品的可能性。公众健康传播策略和市场监管是很重要的。

- 在美国吸烟者和不吸烟者对减少卷烟中的烟碱都有很高的公众支持，特别是如果提供其他形式的烟碱产品。
- 控制走私成功的尝试包括制造商承担安全运输卷烟到其合法市场的责任。
- 健康可能会受到以下威胁：小规模出售的走私卷烟，未被管制的烟草制品形式，双重使用，以及为增加或替换烟碱有效性而减少烟碱的卷烟进行的改变。

A3.7　结　　论

虽然减少烟碱和使用减少烟碱卷烟的科学研究仍然有限，在现有研究中的结果仍是惊人的。动物和人体试验的研究结果大致相若：它们显示出类似的自我给药阈值，感官刺激和许多类烟草化合物（单胺氧化酶、生物碱）都对烟碱强化有影响，在青少年时期依赖性产生的重要性大于成年后，逐渐减少烟碱戒断症状或不良影响相对较少。

依据以上提出的证据，强制减少烟碱最可能的后果包括：

- 初学者开始吸烟和发展到成瘾的减少；
- 由于行为上的消除使部分成瘾的吸烟者减少吸烟；
- 戒烟率增加和戒烟者复吸的数量减少；
- 增加烟碱替代形式的使用和可用性，包括口含烟或无烟烟草产品、烟碱气溶胶或蒸气制品以及药用烟碱；
- 减少大多数吸烟者的健康风险，反映了消费量减少，烟气暴露减少和减少烟草中有害物质的水平（例如烟草特有亚硝胺、烟碱)。

强制减少烟碱可能产生的后果,目前用于做出判断的信息太少,包括:

- 使用高烟碱释放量黑市卷烟的吸烟者的比例增加;
- 同时使用含有烟碱产品和减少烟碱卷烟的吸烟者的比例增加;
- 由生产商或由吸烟者对减少烟碱产品的设计或构造的改变,改变产品的传输特性,对毒性、致癌性和吸引力存在不能预料的影响;
- 非吸烟者对含烟碱产品使用的增加,因为其更高的可用性、吸引力和疾病风险较低的认知;
- 女性比男性更长期地使用减少烟碱的卷烟。

强制减少烟碱的其他潜在的不太可能的后果包括:

- 作为缺乏烟碱的补偿反应,一些吸烟者增加摄入量(更多抽吸或每天更多的卷烟);
- 由于暴露于缺乏烟碱的烟气,在继续吸烟者中心血管疾病的风险增加;
- 暴露于减少烟碱的卷烟增加了其他滥用药物的使用;
- 替换或取代规范的卷烟市场的高烟碱释放量的卷烟黑市大大增加。

A3.8 建 议

减少烟碱政策在技术上是可行的,吸烟者和非吸烟者都是支持的，并有可能对人群健康产生重大的积极影响。因此，应该支持全面地监管所有含烟碱和烟草的产品。

全面监管应鼓励使用毒性较低的产品，如药用烟碱和烟碱传输装置，并应减少毒性更大的产品的可用性和吸引力。

有确凿的证据表明,卷烟烟碱强化所需的阈值水平是传输 0.1~0.2 mg 的烟碱。此级别等于或低于吸烟者（0.1~0.4 mg）和动物模型中（0.2~0.5 mg）的自我给药烟碱水平，等于或低于吸烟者和非吸烟者对烟碱的识别阈值。它符合由制造商进行的关于卷烟烟碱延时作用阈值（0.1~0.3 mg）的研究。

在较短时间强制减少烟碱几乎没有戒断作用或行为上的不良影响。而逐渐地减少烟碱可能产生意想不到的行为和健康影响。提供有效的、负担得起的治疗和替代形式的烟碱将帮助经历不良反应的依赖性吸烟者。

在一些地区人群后果没有进行预测。应进行研究以确定使用的可能性和减少烟碱卷烟对非吸烟的青少年、不吸烟的成年人和非依赖性吸烟者的影响。应在风险人群中做进一步研究，如有中度或重度抑郁症的人，以及研究减少烟碱和含烟碱卷烟相对的健康影响。还应对长期使用减少烟碱的卷烟进行研究。

A3.9 参 考 文 献

[1] Benowitz NL, Henningfield JE. Establishing a nicotine threshold for addiction.The implications for tobacco regulation. N Engl J Med 1994;331:123–5.

[2] Henningfield JE, Benowitz NL, Slade J, Houston TP, Davis RM, Deitchman SD.Reducing the addictiveness of cigarettes. Council on Scientific Affairs, American Medical Association. Tob Control 1998;7:281–93.

[3] Gray N, Henningfield JE, Benowitz NL, Connolly GN, Dresler G, Fagerstrom K, et al. Toward a comprehensive long term nicotine policy. Tob Control 2005;14:161–5.

[4] Tengs TO, Ahmad S, Savage JM, Moore R, Gage E. The AMA proposal to mandate nicotine reduction in cigarettes: a simulation of the population health impacts. Prev Med 2005;40:170–80.

[5] Zeller M, Hatsukami D, Strategic Dialogue on Tobacco Harm Reduction G. The Strategic Dialogue on Tobacco Harm Reduction: a vision and blueprint for action in the US. Tob Control 2009;18:324–32.

[6] Benowitz NL, Henningfield JE. Reducing the nicotine content to make cigarettes less addictive. Tob Control 2013;22(Suppl 1):i14–7.

[7] Hatsukami DK, Benowitz NL, Donny E, Henningfield J, Zeller M. Nicotine reduction: strategic research plan. Nicotine Tob Res 2013;15:1003–13.

[8] Smith TT, Levin ME, Schassburger RL, Buffalari DM, Sved AF, Donny EC.Gradual and immediate nicotine reduction result in similar low-dose nicotine self-administration. Nicotine Tob Res 2013;15:1918–25.

[9] Framework Convention on Tobacco Control. Geneva: World Health Organization;2013 (http://www.who.int/fctc/en/).

[10] Report on the Scientific Basis of Tobacco Product Regulation: Fourth Report of a WHO Study Group (WHO Technical Report Series, No.

967). Geneva: World Health Organization; 2012 (http://www.who.
int/tobacco/publications/prod_regulation/trs_967/en/index.html).

[11] Jarvis MJ, Bates C. Eliminating nicotine in cigarettes. Tob Control
1999;8:106–7;author reply 107–9.

[12] Shatenstein S. Eliminating nicotine in cigarettes. Tob Control
1999;8:106; author reply 107–9.

[13] Benowitz NL, Hall SM, Stewart S, Wilson M, Dempsey D, Jacob P
3rd. Nicotine and carcinogen exposure with smoking of progressively
reduced nicotine content cigarette. Cancer Epidemiol Biomarkers
Prev 2007;16:2479–85.

[14] Hatsukami DK, Kotlyar M, Hertsgaard LA, Zhang Y, Carmella
SG, Jensen JA, et al. Reduced nicotine content cigarettes: effects
on toxicant exposure,dependence and cessation. Addiction
2010;105:343–55.

[15] Benowitz NL, Dains KM, Hall SM, Stewart S, Wilson M, Dempsey D,
et al.Smoking behavior and exposure to tobacco toxicants during 6
months of smoking progressively reduced nicotine content cigarettes.
Cancer Epidemiol Biomarkers Prev 2012;21:761–9.

[16] Henningfield JE, Benowitz N, Connolly G, Davis R, Gray N, Myers
M, et al.Reducing tobacco addiction through tobacco product
regulation. Tob Control 2004;13:132–5.

[17] Stratton K, Shetty P, Wallace R, Bondurant S. Clearing the smoke: the
science base for tobacco harm reduction—executive summary. Tob
Control 2001;10:189–95.

[18] Hatsukami DK, Biener L, Leischow SJ, Zeller MR. Tobacco and

nicotine product testing. Nicotine Tob Res 2012;14:7–17.

[19] Hoffmann D, Hoffmann I. The changing cigarette, 1950–1995. J Toxicol Environ Health 1997;50:307–64.

[20] Risks associated with smoking cigarettes with low tar machine-measured yields of tar and nicotine (Monograph 13). Bethesda, Maryland: National Cancer Institute; 2001.

[21] Benowitz NL, Jacob P 3rd. Intravenous nicotine replacement suppresses nicotine intake from cigarette smoking. J Pharmacol Exp Ther 1990;254:1000–5.

[22] Parascandola M. Tobacco harm reduction and the evolution of nicotine dependence. Am J Public Health 2011;101:632–41.

[23] Benowitz NL. Clinical pharmacology of nicotine: implications for understanding,preventing, and treating tobacco addiction. Clin Pharmacol Ther 2008;83:531–41.

[24] Heishman SJ, Kleykamp BA, Singleton EG. Meta-analysis of the acute effects of nicotine and smoking on human performance. Psychopharmacology 2010;210:453–69.

[25] DiFranza J, Ursprung WW, Lauzon B, Bancej C, Wellman RJ, Ziedonis D, et al.A systematic review of the Diagnostic and Statistical Manual diagnostic criteria for nicotine dependence. Addict Behav 2010;35:373–82.

[26] Wayne GF, Carpenter CM. Tobacco industry manipulation of nicotine dosing.Handb Exp Pharmacol 2009;192:457–85.

[27] Henningfield JE, Goldberg SR. Control of behavior by intravenous nicotine injections in human subjects. Pharmacol Biochem Behav

1983;19:1021-6.

[28] DiFranza JR, Ursprung WW, Carson A. New insights into the compulsion to use tobacco from an adolescent case-series. J Adolesc 2010;33:209-14.

[29] Wellman RJ, DiFranza JR, Savageau JA, Dussault GF. Short term patterns of early smoking acquisition. Tob Control 2004;13:251-7.

[30] DiFranza JR, Savageau JA, Fletcher K, O' Loughlin JE, Pbert L, Ockene JK, et al.Symptoms of tobacco dependence after brief intermittent use: the Development and Assessment of Nicotine Dependence in Youth-2 study. Arch Pediatr Adolesc Med 2007;161:704-10.

[31] DiFranza JR, Savageau JA, Fletcher K, Pbert L, O' Loughlin J, McNeill AD, et al. Susceptibility to nicotine dependence: the Development and Assessment of Nicotine Dependence in Youth 2 study. Pediatrics 2007;120:e974-83.

[32] Lynch BS, Bonnie RJ, editors. Growing up tobacco free—preventing nicotine addiction in children and youths. Washington DC: Institute of Medicine, The National Academies; 1994:28-68.

[33] Lessov-Schlaggar CN, Pergadia ML, Khroyan TV, Swan GE. Genetics of nicotine dependence and pharmacotherapy. Biochem Pharmacol 2008;75:178-95.

[34] Taioli E, Wynder EL. Effect of the age at which smoking begins on frequency of smoking in adulthood. N Engl J Med 1991;325:968-9.

[35] Breslau N, Peterson EL. Smoking cessation in young adults: age at initiation of cigarette smoking and other suspected influences. Am J

Public Health 1996;86:214–20.

[36] Lando HA, Thai DT, Murray DM, Robinson LA, Jeffery RW, Sherwood NE, et al.Age of initiation, smoking patterns, and risk in a population of working adults.Prev Med 1999;29:590–8.

[37] Cui Y, Wen W, Moriarty CJ, Levine RS. Risk factors and their effects on the dynamic process of smoking relapse among veteran smokers. Behav Res Ther 2006;44:967–81.

[38] Trauth JA, Seidler FJ, McCook EC, Slotkin TA. Adolescent nicotine exposure causes persistent upregulation of nicotinic cholinergic receptors in rat brain regions. Brain Res 1999;851:9–19.

[39] Trauth JA, Seidler FJ, Slotkin TA. Persistent and delayed behavioral changes after nicotine treatment in adolescent rats. Brain Res 2000;880:167–72.

[40] Adriani W, Macri S, Pacifici R, Laviola G. Peculiar vulnerability to nicotine oral self-administration in mice during early adolescence. Neuropsychopharmacology 2002;27:212–24.

[41] Vastola BJ, Douglas LA, Varlinskaya EI, Spear LP. Nicotine-induced conditioned place preference in adolescent and adult rats. Physiol Behav 2002;77:107–14.

[42] Adriani W, Spijker S, Deroche-Gamonet V, Laviola G, Le Moal M, Smit AB,et al. Evidence for enhanced neurobehavioral vulnerability to nicotine during periadolescence in rats. J Neurosci 2003;23:4712–6.

[43] Levin ED, Lawrence S, Petro A, Horton K, Rezvani AH, Seidler FJ, et al.Adolescent vs adult-onset nicotine self-administration in male rats: duration of effect and differential nicotinic receptor correlates.

Neurotoxicol Teratol 2007;29:458–65.

[44] Kota D, Martin BR, Damaj MI. Age-dependent differences in nicotine reward and withdrawal in female mice. Psychopharmacology 2008;198:201–10.

[45] Hatsukami DK, Perkins KA, LeSage MG, Ashley DL, Henningfield JE, Benowitz NL, et al. Nicotine reduction revisited: science and future directions. Tob Control 2010;19:e1–10.

[46] Hukkanen J, Jacob P 3rd, Benowitz NL. Metabolism and disposition kinetics of nicotine. Pharmacol Rev 2005;57:79–115.

[47] Benowitz NL, Lessov-Schlaggar CN, Swan GE, Jacob P 3rd. Female sex and oral contraceptive use accelerate nicotine metabolism. Clin Pharmacol Ther 2006;79:480–8.

[48] Sofuoglu M, Mooney M. Subjective responses to intravenous nicotine: greater sensitivity in women than in men. Exp Clin Psychopharmacol 2009;17:63–9.

[49] Fant RV, Everson D, Dayton G, Pickworth WB, Henningfield JE. Nicotine dependence in women. J Am Med Womens Assoc 1996;51:19–20, 22–4, 28.

[50] Gritz ER, Nielsen IR, Brooks LA. Smoking cessation and gender: the influence of physiological, psychological, and behavioral factors. J Am Med Womens Assoc 1996;51:35–42.

[51] Eissenberg T, Adams C, Riggins EC 3rd, Likness M. Smokers' sex and the effects of tobacco cigarettes: subject-rated and physiological measures. Nicotine Tob Res 1999;1:317–24.

[52] Perkins KA, Donny E, Caggiula AR. Sex differences in nicotine effects

and self-administration: review of human and animal evidence. Nicotine Tob Res 1999;1:301–15.

[53] Wetter DW, Kenford SL, Smith SS, Fiore MC, Jorenby DE, Baker TB. Gender differences in smoking cessation. J Consult Clin Psychol 1999;67:555–62.

[54] Perkins KA, Sanders M, D'Amico D, Wilson A. Nicotine discrimination and self-administration in humans as a function of smoking status. Psychopharmacology 1997;131:361–70.

[55] Carpenter CM, Wayne GF, Connolly GN. Designing cigarettes for women: new findings from the tobacco industry documents. Addiction 2005;100:837–51.

[56] Perkins KA, Doyle T, Ciccocioppo M, Conklin C, Sayette M, Caggiula A. Sex differences in the influence of nicotine dose instructions on the reinforcing and self-reported rewarding effects of smoking. Psychopharmacology 2006;184:600–7.

[57] Bevins RA, Caggiula AR. Nicotine, tobacco use, and the 55th Nebraska Symposium on Motivation. Nebr Symp Motiv 2009;55:1–3.

[58] Lasser K, Boyd JW, Woolhandler S, Himmelstein DU, McCormick D, Bor DH.Smoking and mental illness: a population-based prevalence study. JAMA 2000;284:2606–10.

[59] Williams JM, Ziedonis D. Addressing tobacco among individuals with a mental illness or an addiction. Addict Behav 2004;29:1067–83.

[60] Ziedonis D, Hitsman B, Beckham JC, Zvolensky M, Adler LE, Audrain-McGovern J, et al. Tobacco use and cessation in psychiatric disorders: National Institute of Mental Health report. Nicotine Tob

Res 2008;10:1691–715.

[61] Lawrence D, Considine J, Mitrou F, Zubrick SR. Anxiety disorders and cigarette smoking: results from the Australian Survey of Mental Health and Wellbeing.Aust N Z J Psychiatry 2010;44:520–7.

[62] McClave AK, McKnight-Eily LR, Davis SP, Dube SR. Smoking characteristics of adults with selected lifetime mental illnesses: results from the 2007 National Health Interview Survey. Am J Public Health 2010;100:2464–72.

[63] Schroeder SA, Morris CD. Confronting a neglected epidemic: tobacco cessation for persons with mental illnesses and substance abuse problems. Annu Rev Public Health 2010;31:297–314 1p following 314.

[64] Leonard S, Adler LE, Benhammou K, Berger R, Breese CR, Drebing C, et al.Smoking and mental illness. Pharmacol Biochem Behav 2001;70:561–70.

[65] Leonard S, Adams CE. Smoking cessation and schizophrenia. Am J Psychiatry 2006;163:1877.

[66] Mineur YS, Picciotto MR. Biological basis for the co-morbidity between smoking and mood disorders. J Dual Diagn 2009;5:122–30.

[67] Mineur YS, Picciotto MR. Nicotine receptors and depression: revisiting and revising the cholinergic hypothesis. Trends Pharmacol Sci 2010;31:580–6.

[68] Lewis A, Miller JH, Lea RA. Monoamine oxidase and tobacco dependence.Neurotoxicology 2007;28:182–95.

[69] Grant BF, Hasin DS, Chou SP, Stinson FS, Dawson DA. Nicotine

dependence and psychiatric disorders in the United States: results from the national epidemiologic survey on alcohol and related conditions. Arch Gen Psychiatry 2004;61:1107–15.

[70] Lawrence D, Mitrou F. One-third of adult smokers have a mental illness. Aust N Z J Psychiatry 2009;43:177–8.

[71] Watson NL, Carpenter MJ, Saladin ME, Gray KM, Upadhyaya HP. Evidence for greater cue reactivity among low-dependent vs. high-dependent smokers.Addict Behav 2010;35:673–7.

[72] Plescia F, Brancato A, Marino RA, Cannizzaro C. Acetaldehyde as a drug of abuse: insight into AM281 administration on operant-conflict paradigm in rats.Front Behav Neurosci 2013;7:64.

[73] Talhout R, Opperhuizen A, van Amsterdam JG (2007) Role of acetaldehyde in tobacco smoke addiction. Eur Neuropsychopharmacol 17:627–36.

[74] Villégier AS, Lotfipour S, McQuown SC, Belluzzi JD, Leslie FM. Tranylcypromine enhancement of nicotine self-administration. Neuropharmacology 2007;52:1415–25.

[75] Pankow JF. A consideration of the role of gas/particle partitioning in the deposition of nicotine and other tobacco smoke compounds in the respiratory tract. Chem Res Toxicol 2001;14:1465–81.

[76] Henningfield J, Pankow J, Garrett B. Ammonia and other chemical base tobacco additives and cigarette nicotine delivery: issues and research needs. Nicotine Tob Res 2004;6:199–205.

[77] Rose JE. Nicotine and nonnicotine factors in cigarette addiction. Psychopharmacology 2006;184:274–85.

[78] Carpenter CM, Wayne GF, Connolly GN. The role of sensory perception in the development and targeting of tobacco products. Addiction 2007;102:136–47.

[79] Breland AB, Buchhalter AR, Evans SE, Eissenberg T. Evaluating acute effects of potential reduced-exposure products for smokers: clinical laboratory methodology. Nicotine Tob Res 2002;4(Suppl 2):S131-40.

[80] Perkins KA, Gerlach D, Broge M, Grobe JE, Sanders M, Fonte C, et al.Dissociation of nicotine tolerance from tobacco dependence in humans. J Pharmacol Exp Ther 2001;296:849–56.

[81] Rose JE, Behm FM. Extinguishing the rewarding value of smoke cues:pharmacological and behavioral treatments. Nicotine Tob Res 2004;6:523–32.

[82] Rose J, Behm F. Effects of low nicotine content cigarettes on smoke intake.Nicotine Tob Res 2004;6:309–19.

[83] Lee LY, Gerhardstein DC, Wang AL, Burki NK. Nicotine is responsible for airway irritation evoked by cigarette smoke inhalation in men. J Appl Physiol 1993;75:1955–61.

[84] Rose JE, Behm FM, Westman EC, Johnson M. Dissociating nicotine and nonnicotine components of cigarette smoking. Pharmacol Biochem Behav 2000;67:71–81.

[85] Rose JE, Behm FM, Westman EC, Coleman RE. Arterial nicotine kinetics during cigarette smoking and intravenous nicotine administration: implications for addiction. Drug Alcohol Depend 1999;56:99–107.

[86] Ferris Wayne G, Connolly GN. Application, function, and effects

of menthol in cigarettes: a survey of tobacco industry documents. Nicotine Tob Res 2004;6(Suppl 1):S43–54.

[87] Celebucki CC, Wayne GF, Connolly GN, Pankow JF, Chang EI. Characterization of measured menthol in 48 US cigarette sub-brands. Nicotine Tob Res 2005;7:523–31.

[88] Galeotti N, Ghelardini C, Mannelli L, Mazzanti G, Baghiroli L, Bartolini A. Local anaesthetic activity of (+)- and (–)-menthol. Planta Med 2001;67:174–6.

[89] Shojaei AH, Khan M, Lim G, Khosravan R. Transbuccal permeation of a nucleoside analog, dideoxycytidine: effects of menthol as a permeation enhancer. Int J Pharm 1999;192:139–46.

[90] Brody AL, Mandelkern M, Costello MR, Abrams AL, Scheibal D, Farahi J, et al. Brain nicotinic acetylcholine receptor occupancy: effect of smoking a denicotinized cigarette. Int J Neuropsychopharmacol 2009;12:305–16.

[91] Bardo MT, Green TA, Crooks PA, Dwoskin LP. Nornicotine is self-administered intravenously by rats. Psychopharmacology 1999;146:290–6.

[92] Clemens KJ, Caille S, Stinus L, Cador M. The addition of five minor tobacco alkaloids increases nicotine-induced hyperactivity, sensitization and intravenous self-administration in rats. Int J Neuropsychopharmacology 2009;12:1355–66.

[93] Rodd-Henricks ZA, Melendez RI, Zaffaroni A, Goldstein A, McBride WJ, Li TK.The reinforcing effects of acetaldehyde in the posterior ventral tegmental area of alcohol-preferring rats. Pharmacol Biochem

Behav 2002;72:55–64.

[94] Belluzzi JD, Wang R, Leslie FM. Acetaldehyde enhances acquisition of nicotine self-administrationin adolescent rats. Neuropsychopharmacology 2005;30:705–12.

[95] Cao J, Belluzzi JD, Loughlin SE, Keyler DE, Pentel PR, Leslie FM.Acetaldehyde, a major constituent of tobacco smoke, enhances behavioral,endocrine, and neuronal responses to nicotine in adolescent and adult rats.Neuropsychopharmacology 2007;32:2025–35.

[96] Guillem K, Vouillac C, Koob JF, Cador M, Stinus L. Monoamine oxidase inhibition dramatically increases the motivation to self-administer nicotine in rats. J Neurosci 2005;25:8593–600.

[97] Guillem K, Vouillac C, Koob GF, Cador M, Stinus L. Monoamine oxidase inhibition dramatically prolongs the duration of nicotine withdrawal-induced place aversion. Biol Psychiatry 2008;63:158–63.

[98] Rose JE, Behm FM, Ramsey C, Ritchie JC Jr. Platelet monoamine oxidase,smoking cessation, and tobacco withdrawal symptoms. Nicotine Tob Res2001;3:383–90.

[99] The health consequences of smoking: nicotine addiction. A report of the Surgeon General. Rockville, Maryland: Department of Health and Human Services,Public Health Service, Centers for Disease Control, Office on Smoking and Health; 1988.

[100] Dar R, Frenk H. Do smokers self-administer pure nicotine? A review of the evidence. Psychopharmacology 2004;173:18–26.

[101] Fulton HG, Barrett SP. A demonstration of intravenous nicotine

self-administration in humans? Neuropsychopharmacology 2008; 33:2042–3; author reply 2044.

[102] Caggiula AR, Donny EC, Chaudhri N, Perkins KA, Evans-Martin FF, Sved AF. Importance of nonpharmacological factors in nicotine self-administration.Physiol Behav 2002;77:683–7.

[103] Olausson P, Jentsch JD, Taylor JR. Repeated nicotine exposure enhances reward-related learning in the rat. Neuropsychopharmacology 2003;28:1264–71.

[104] Olausson P, Jentsch JD, Taylor JR. Nicotine enhances responding with conditioned reinforcement. Psychopharmacology 2004; 171:173–8.

[105] Chaudhri N, Caggiula AR, Donny EC, Palmatier MI, Liu X, Sved AF. Complex interactions between nicotine and nonpharmacological stimuli reveal multiple roles for nicotine in reinforcement. Psychopharmacology 2006;184:353–66.

[106] Chaudhri N, Caggiula AR, Donny EC, Booth S, Gharib M, Craven L, et al.Self-administered and noncontingent nicotine enhance reinforced operant responding in rats: impact of nicotine dose and reinforcement schedule.Psychopharmacology 2007;190:353–62.

[107] Palmatier MI, Liu X, Caggiula AR, Donny EC, Sved AF. The role of nicotinic acetylcholine receptors in the primary reinforcing and reinforcement-enhancing effects of nicotine. Neuropsychopharmacology 2007;32:1098–108.

[108] Palmatier MI, Liu X, Matteson GL, Donny EC, Caggiula AR, Sved AF. Conditioned reinforcement in rats established with self-

administered nicotine and enhanced by noncontingent nicotine. Psychopharmacology 2007;195:235–43.

[109] Le Foll B, Goldberg SR. Control of the reinforcing effects of nicotine by associated environmental stimuli in animals and humans. Trends Pharmacol Sci 2005;26:287–93.

[110] Cohen C, Perrault G, Griebel G, Soubrie P. Nicotine-associated cues maintain nicotine-seeking behavior in rats several weeks after nicotine withdrawal:reversal by the cannabinoid (CB1) receptor antagonist, rimonabant (SR141716).Neuropsychopharmacology 2005;30:145–55.

[111] Le Foll B, Wertheim C, Goldberg SR. High reinforcing efficacy of nicotine in non human primates. PloS One 2007;2:e230.

[112] Donny EC, Chaudhri N, Caggiula AR, Evans-Martin FF, Booth S, Gharib MA, et al. Operant responding for a visual reinforcer in rats is enhanced by noncontingent nicotine: implications for nicotine self-administration and reinforcement. Psychopharmacology 2003;169:68–76.

[113] Caggiula AR, Donny EC, Palmatier MI, Liu X, Chaudhri N, Sved AF. The role of nicotine in smoking: a dual-reinforcement model. Nebr Symp Motiv 2009;55:91–109.

[114] Carter BL, Tiffany ST. Cue-reactivity and the future of addiction research.Addiction 1999;94:349–51.

[115] Donny EC, Houtsmuller E, Stitzer ML. Smoking in the absence of nicotine:behavioral, subjective and physiological effects over 11 days. Addiction 2007;102:324–34.

[116] Rees VW, Kreslake JM, Wayne GF, O'Connor RJ, Cummings KM, Connolly GN.Role of cigarette sensory cues in modifying puffing topography. Drug Alcohol Depend 2012;124:1–10.

[117] Palmatier MI, Lantz JE, O'Brien LC, Metz SP. Effects of nicotine on olfactogustatory incentives: preference, palatability, and operant choice tests.Nicotine Tob Res 2013;15:1545–54.

[118] Perkins KA, Jacobs L, Ciccocioppo M, Conklin C, Sayette M, Caggiula A. The influence of instructions and nicotine dose on the subjective and reinforcing effects of smoking. Exp Clin Psychopharmacol 2004;12:91–101.

[119] Perkins KA, Ciccocioppo M, Conklin CA, Milanak ME, Grottenthaler A, Sayette MA. Mood influences on acute smoking responses are independent of nicotine intake and dose expectancy. J Abnorm Psychol 2008;117:79–93.

[120] Darredeau C, Barrett SP. The role of nicotine content information in smokers'subjective responses to nicotine and placebo inhalers. Hum Psychopharmacol 2010;25:577–81.

[121] Juliano LM, Fucito LM, Harrell PT. The influence of nicotine dose and nicotine dose expectancy on the cognitive and subjective effects of cigarette smoking.Exp Clin Psychopharmacology 2011;19:105–15.

[122] Kirsch I, Lynn SJ. Automaticity in clinical psychology. Am Psychol 1999;54:504–15.

[123] Perkins K, Sayette M, Conklin C, Caggiula A. Placebo effects of tobacco smoking and other nicotine intake. Nicotine Tob Res

2003;5:695–709.

[124] Hughes JR, Gulliver SB, Amori G, Mireault GC, Fenwick JF. Effect of instructions and nicotine on smoking cessation, withdrawal symptoms and self-administration of nicotine gum. Psychopharmacology 1989;99:486–91.

[125] Perkins KA, Coddington SB, Karelitz JL, Jetton C, Scott JA, Wilson AS, et al.Variability in initial nicotine sensitivity due to sex, history of other drug use, and parental smoking. Drug Alcohol Depend 2009;99:47–57.

[126] Juliano LM, Brandon TH. Effects of nicotine dose, instructional set, and outcome expectancies on the subjective effects of smoking in the presence of a stressor. J Abnorm Psychol 2002;111:88–97.

[127] Wayne GF, Connolly GN, Henningfield JE. Assessing internal tobacco industry knowledge of the neurobiology of tobacco dependence. Nicotine Tob Res 2004;6:927–40.

[128] Megerdichian CL, Rees VW, Wayne GF, Connolly GN. Internal tobacco industr yresearch on olfactory and trigeminal nerve response to nicotine and other smoke components. Nicotine Tob Res 2007;9:1119–29.

[129] Darredeau C, Stewart SH, Barrett SP. The effects of nicotine content informationon subjective and behavioural responses to nicotine-containing and denicotinized cigarettes. Behav Pharmacol 2013;24:291–7.

[130] Perkins KA, Grottenthaler A, Ciccocioppo MM, Conklin CA, Sayette MA, Wilson AS. Mood, nicotine, and dose expectancy effects on

acute responses to nicotine spray. Nicotine Tob Res 2009;11:540-6.

[131] De Leon E, Smith KC, Cohen JE. Dependence measures for non-cigarette tobacco products within the context of the global epidemic: a systematic review.Tob Control 2013;23:197-203.

[132] Hatsukami DK, Joseph AM, LeSage M, Jensen J, Murphy SE, Pentel PR, et al. Developing the science base for reducing tobacco harm. Nicotine Tob Res 2007;9(Suppl 4):S537-53.

[133] Donny EC, Taylor TG, LeSage MG, Levin M, Buffalari DM, Joel D, et al. Impact of tobacco regulation on animal research: new perspectives and opportunities.Nicotine Tob Res 2012;14:1319-38.

[134] Palmatier MI, O'Brien LC, Hall MJ. The role of conditioning history and reinforcer strength in the reinforcement enhancing effects of nicotine in rats.Psychopharmacology 2012;219:1119-31.

[135] Henningfield JE, Miyasato K, Jasinski DR Cigarette smokers self-administer intravenous nicotine. Pharmacol Biochem Behav 1983;19:887-90.

[136] Harvey DM, Yasar S, Heishman SJ, Panlilio LV, Henningfield JE, Goldberg SR.Nicotine serves as an effective reinforcer of intravenous drug-taking behavior inhuman cigarette smokers. Psychopharmacology 2004;175:134-42.

[137] Sofuoglu M, Yoo S, Hill KP, Mooney M. Self-administration of intravenous nicotine in male and female cigarette smokers. Neuropsychopharmacology 2008;33:715-20.

[138] Matta SG, Balfour DJ, Benowitz NL, Boyd RT, Buccafusco JJ, Caggiula AR, et al.Guidelines on nicotine dose selection for in vivo

research. Psychopharmacology 2007;190:269–319.

[139] Cox BM, Goldstein A, Nelson WT. Nicotine self-administration in rats. Br JPharmacol 1984;83:49–55.

[140] Shram MJ, Li Z, Le AD. Age differences in the spontaneous acquisition of nicotine self-administration in male Wistar and Long-Evans rats. Psychopharmacology 2008;197:45–58.

[141] Corrigall WA, Coen KM. Nicotine maintains robust self-administration in rats on a limited-access schedule. Psychopharmacology 1989; 99:473–8

[142] Donny EC, Caggiula AR, Knopf S, Brown C. Nicotine self-administration in rats.Psychopharmacology 1995;122:390–4.

[143] Shoaib M, Schindler CW, Goldberg SR. Nicotine self-administration in rats:strain and nicotine pre-exposure effects on acquisition. Psychopharmacology 1997;129:35–43.

[144] Watkins SS, Epping-Jordan MP, Koob GF, Markou A. Blockade of nicotine self-administration with nicotinic antagonists in rats. Pharmacol Biochem Behav 1999;62:743–51.

[145] Brower VG, Fu Y, Matta SG, Sharp BM. Rat strain differences in nicotine self-administration using an unlimited access paradigm. Brain Res 2002;930:12–20.

[146] DeNoble VJ, Mele PC. Intravenous nicotine self-administration in rats: effects of mecamylamine, hexamethonium and naloxone. Psychopharmacology 2006;184:266–72.

[147] Sorge RE, Clarke PB. Rats self-administer intravenous nicotine delivered in a novel smoking-relevant procedure: effects of

dopamine antagonists. J Pharmacol Exp Ther 2009;330:633–40.

[148] Hanson HM, Ivester CA, Morton BR. Nicotine self-administration in rats. In:Krasnegor NA, editor. Cigarette smoking as a dependence process (NIDA Research Monograph 23). Washington DC: National Instiute on Drug Abuse;1979:70–90.

[149] Kota D, Martin BR, Robinson SE, Damaj MI. Nicotine dependence and reward differ between adolescent and adult male mice. J Pharmacol Exp Ther 2007;322:399–407.

[150] Levin ED, Rezvani AH, Montoya D, Rose JE, Swartzwelder HS. Adolescent onset nicotine self-administration modeled in female rats. Psychopharmacology2003;169:141–9.

[151] Chen H, Matta SG, Sharp BM. Acquisition of nicotine self-administration in adolescent rats given prolonged access to the drug. Neuropsychopharmacology2007;32:700–9.

[152] Shram MJ, Funk D, Li Z, Le AD. Nicotine self-administration, extinction responding and reinstatement in adolescent and adult male rats: evidence against a biological vulnerability to nicotine addiction during adolescence.Neuropsychopharmacology 2008;33:739–48.

[153] Shram MJ, Siu EC, Li Z, Tyndale RF, Le AD. Interactions between age and the aversive effects of nicotine withdrawal under mecamylamine-precipitated and spontaneous conditions in male Wistar rats. Psychopharmacology 2008;198:181–90.

[154] DiFranza JR, Savageau JA, Rigotti NA, Fletcher K, Ockene JK, McNeill AD,et al. Development of symptoms of tobacco

dependence in youths: 30 month follow up data from the DANDY study. Tob Control 2002;11:228–35.

[155] O'Loughlin J, Gervais A, Dugas E, Meshefedjian G. Nicotine-dependence symptoms are associated with smoking frequency in adolescents. Am J Prev Med 2003;25:219–25.

[156] Gervais A, O'Loughlin J, Meshefedjian G, Bancej C, Tremblay M. Milestones in the natural course of onset of cigarette use among adolescents. Can Med Assoc J 2006;175:255–61.

[157] Kandel DB, Hu MC, Griesler PC, Schaffran C. On the development of nicotine dependence in adolescence. Drug Alcohol Depend 2007;91:26–39.

[158] Caraballo RS, Novak SP, Asman K. Linking quantity and frequency profiles of cigarette smoking to the presence of nicotine dependence symptoms among adolescent smokers: findings from the 2004 National Youth Tobacco Survey.Nicotine Tob Res 2009;11:49–57.

[159] Corrigall WA, Zack M, Eissenberg T, Belsito L, Scher R. Acute subjective and physiological responses to smoking in adolescents. Addiction 2001;96:1409–17.

[160] Aung AT, Pickworth WB, Moolchan ET. History of marijuana use and tobacco smoking topography in tobacco-dependent adolescents. Addict Behav 2004;29:699–706.

[161] Wood T, Wewers ME, Groner J, Ahijevych K. Smoke constituent exposure and smoking topography of adolescent daily cigarette smokers. Nicotine Tob Res 2004;6:853–62.

[162] Kassel JD, Greenstein JE, Evatt DP, Wardle MC, Yates MC, Veilleux

JC, et al. Smoking topography in response to denicotinized and high-yield nicotine cigarettes in adolescent smokers. J Adolesc Health 2007;40:54–60.

[163] Wahl SK, Turner LR, Mermelstein RJ, Flay BR. Adolescents' smoking expectancies: psychometric properties and prediction of behavior change.Nicotine Tob Res 2005;7:613–23.

[164] Heinz AJ, Kassel JD, Berbaum M, Mermelstein R. Adolescents' expectancies for smoking to regulate affect predict smoking behavior and nicotine dependence over time. Drug Alcohol Depend 2010;111:128–35.

[165] Kassel JD, Evatt DP, Greenstein JE, Wardle MC, Yates MC, Veilleux JC. Theacute effects of nicotine on positive and negative affect in adolescent smokers.J Abnorm Psychol 2007;116:543–53.

[166] Baldinger B, Hasenfratz M, Battig K. Switching to ultralow nicotine cigarettes:effects of different tar yields and blocking of olfactory cues. Pharmacol Biochem Behav 1995;50:233–9.

[167] Butschky MF, Bailey D, Henningfield JE, Pickworth WB. Smoking without nicotine delivery decreases withdrawal in 12-hour abstinent smokers. Pharmacol Biochem Behav 1995;50:91–6.

[168] Westman EC, Behm FM, Rose JE. Dissociating the nicotine and airway sensory effects of smoking. Pharmacol Biochem Behav 1996;53:309–15.

[169] Gross J, Lee J, Stitzer ML. Nicotine-containing versus de-nicotinized cigarettes:effects on craving and withdrawal. Pharmacol Biochem Behav 1997;57:159–65.

[170] Pickworth WB, Fant RV, Nelson RA, Rohrer MS, Henningfield JE.Pharmacodynamic effects of new de-nicotinized cigarettes. Nicotine Tob Res1999;1:357–64.

[171] Buchhalter AR, Schrinel L, Eissenberg T. Withdrawal-suppressing effects of a novel smoking system: comparison with own brand, not own brand, and denicotinizedcigarettes. Nicotine Tob Res 2001;3:111–8.

[172] Barrett SP. The effects of nicotine, denicotinized tobacco, and nicotine-containing tobacco on cigarette craving, withdrawal, and self-administration in male and female smokers. Behav Pharmacol 2010;21:144–52.

[173] Brauer LH, Behm FM, Lane JD, Westman EC, Perkins C, Rose JE. Individual differences in smoking reward from de-nicotinized cigarettes. Nicotine Tob Res 2001;3(2):101–9.

[174] Dallery J, Houtsmuller EJ, Pickworth WB, Stitzer ML. Effects of cigarette nicotine content and smoking pace on subsequent craving and smoking.Psychopharmacology 2003;165:172–80.

[175] Rose JE, Behm FM, Westman EC, Bates JE, Salley A. Pharmacologic and sensorimotor components of satiation in cigarette smoking. Pharmacol Biochem Behav 2003;76:243–50.

[176] Grady SR, Marks MJ, Collins AC. Desensitization of nicotine-stimulated[3H]dopamine release from mouse striatal synaptosomes. J Neurochem 1994;62:1390–8.

[177] Lu Y, Marks MJ, Collins AC. Desensitization of nicotinic agonist-induced[3H]gamma-aminobutyric acid release from mouse brain

synaptosomes is produced by subactivating concentrations of agonists. J Pharmacol Exp Ther 1999;291:1127–34.

[178] Picciotto MR, Addy NA, Mineur YS, Brunzell DH. It is not "either/or" : activation and desensitization of nicotinic acetylcholine receptors both contribute to behaviors related to nicotine addiction and mood. Prog Neurobiol 2008;84:329–42.

[179] Donny EC, Jones M. Prolonged exposure to denicotinized cigarettes with or without transdermal nicotine. Drug Alcohol Depend 2009;104:23–33.

[180] Bouton ME. Context and behavioral processes in extinction. Learn Mem 2004;11:485–94.

[181] International statistical classification of diseases and related health problems,10th revision. Geneva: World Health Organization; 1992.

[182] Moolchan ET, Radzius A, Epstein DH, Uhl G, Gorelick DA, Cadet JL, et al. The Fagerstrom test for nicotine dependence and the Diagnostic Interview Schedule:do they diagnose the same smokers? Addict Behav 2002;27:101–13.

[183] Hughes JR, Oliveto AH, Riggs R, Kenny M, Liguori A, Pillitteri JL, et al.Concordance of different measures of nicotine dependence: two pilot studies.Addict Behav 2004;29:1527–39.

[184] Hendricks PS, Prochaska JJ, Humfleet GL, Hall SM. Evaluating the validities of different DSM-IV-based conceptual constructs of tobacco dependence.Addiction 2008;103:1215–23.

[185] Hughes JR, Baker T, Breslau N, Covey L, Shiffman S. Applicability of DSM criteria to nicotine dependence. Addiction 2011;106:894–5;

discussion 895–7.

[186] Colby SM, Tiffany ST, Shiffman S, Niaura RS. Measuring nicotine dependence among youth: a review of available approaches and instruments. Drug Alcohol Depend 2000;59(Suppl 1):S23–39.

[187] Rose JS, Dierker LC. DSM-IV nicotine dependence symptom characteristics for recent-onset smokers. Nicotine Tob Res 2010; 12:278–86.

[188] Rubinstein ML, Luks TL, Moscicki AB, Dryden W, Rait MA, Simpson GV.Smoking-related cue-induced brain activation in adolescent light smokers. J Adolesc Health 2011;48:7–12.

[189] Sofuoglu M, LeSage MG. The reinforcement threshold for nicotine as a target for tobacco control. Drug Alcohol Depend 2012;125:1–7.

[190] Audrain-McGovern J, Rodriguez D, Epstein LH, Rodgers K, Cuevas J, Wileyto EP.Young adult smoking: what factors differentiate ex-smokers, smoking cessation treatment seekers and nontreatment seekers? Addict Behav 2009;34:1036-41.

[191] Glautier S. Measures and models of nicotine dependence: positive reinforcement.Addiction 2004;99(Suppl 1):30–50.

[192] Comer SD, Ashworth JB, Foltin RW, Johanson CE, Zacny JP, Walsh SL. The role of human drug self-administration procedures in the development of medications. Drug Alcohol Depend 2008;96:1–15.

[193] Besheer J, Palmatier MI, Metschke DM, Bevins RA. Nicotine as a signal for the presence or absence of sucrose reward: a Pavlovian drug appetitive conditioning preparation in rats. Psychopharmacology 2004;172:108–17.

[194] Bevins RA, Palmatier MI. Extending the role of associative learning processesin nicotine addiction. Behav Cogn Neurosci Rev 2004;3(3):143–58.

[195] Wilkinson JL, Murray JE, Li C, Wiltgen SM, Penrod RD, Berg SA, Bevins RA.Interoceptive Pavlovian conditioning with nicotine as the conditional stimulus varies as a function of the number of conditioning trials and unpaired sucrose deliveries. Behav Pharmacol 2006;17:161–72.

[196] Murray JE, Bevins RA. Behavioral and neuropharmacological characterization of nicotine as a conditional stimulus. Eur J Pharmacol 2007;561:91–104.

[197] Palmatier MI, Coddington SB, Liu X, Donny EC, Caggiula AR, Sved AF. The motivation to obtain nicotine-conditioned reinforcers depends on nicotine dose.Neuropharmacology 2008;55:1425–30.

[198] Panzano VC, Wayne GF, Pickworth WB, Connolly GN. Human electroencephalography and the tobacco industry: a review of internal documents. Tob Control 2010;19:153–9.

[199] Gullotta FP, Hayes C. The effects of cigarette smoking on pattern reversal evoked potentials (preps). Philip Morris. Bates No. 2028817734–40; 1981(http://legacy.library.ucsf.edu/tid/rfp12e00).

[200] Gullotta FP, Hayes CS, Martin BR. Electrophysiological and subjective effect of cigarettes delivering varying amounts of nicotine. Philip Morris. Bates No.2062374615–22; 1990 (http://legacy.library.ucsf.edu/tid/izy26c00).

[201] Charles JL, Gullotta FP, Schultz CJ. Electrophysiological studies—

820000 annual report. Philip Morris. Bates No. 2056128455–504;
1982 (http://legacy.library.ucsf.edu/tid/bra52e00).

[202] Connolly GN, Alpert HR, Wayne GF, Koh H. Trends in nicotine
yield in smoke and its relationship with design characteristics
among popular US cigarette brands, 1997—2005. Tob Control
2007;16(5):e5.

[203] Slade J, Bero LA, Hanauer P, Barnes DE, Glantz SA. Nicotine and
addiction.The Brown and Williamson documents. J Am Med Assoc
1995;274:225–33.

[204] Hurt RD, Robertson CR. Prying open the door to the tobacco
industry's secrets about nicotine: the Minnesota Tobacco Trial. J
Am Med Assoc 1998;280:1173–81.

[205] Dunsby J, Bero L. A nicotine delivery device without the nicotine?
Tobacco industry development of low nicotine cigarettes. Tob
Control 2004;13:362–9.

[206] British American Tobacco. Research and Development Department:
Progress in 1972—Plans for 1973. Bates No. 402409855–89; 1972
(http://legacy.library.ucsf.edu/tid/qdb84a99/).

[207] British American Tobacco. Introductory notes on leaf blending.
Bates No.102638105–66; 1969 (http://legacy.library.ucsf.edu/tid/
qmy36a99/).

[208] Browne CL. The design of cigarettes. Charlotte, North Carolina:
Hoechst Celanese; 1990.

[209] Cohen N. Minutes of meeting on May 6 1971. British American
Tobacco. Bates No. 103551202–4; 1971 (http://legacy.library.ucsf.

edu/tid/rng84a99/).

[210] Gibb RM. [Memo from RM Gibb to EP Gage regarding low nicotine]. Bates No.103408473–4; 1974 (http://legacy.library.ucsf. edu/tid/kly06a99/).

[211] Johnson DP. Low nicotine tobacco. RJ Reynolds. Bates No. 511040740; 1977(http://legacy.library.ucsf.edu/tid/xsk53d00/).

[212] Kentucky Tobacco Research Board. 1977 annual review. Bates No. 9809; 1977(http://legacy.library.ucsf.edu/tid/omd76b00).

[213] Smith TE. Tobacco and smoke characteristics of low nicotine strains of Burley.British American Tobacco. Bates No. 402379156–69; 1972 (http://legacy.library.ucsf.edu/tid/dly54a99/).

[214] Geiss VL. Bw process. I Reductions of tobacco nicotine using selected bacteria.British American Tobacco. Bates No. 402350891–915; 1972 (http://legacy.library.ucsf.edu/tid/jlw84a99).

[215] Geiss VL. Bw process. VI Metabolism of nicotine and other biochemistry of the Bw process. British American Tobacco. Bates No. 107474767–70; 1975 (http://legacy.library.ucsf.edu/tid/gpx86a99/).

[216] Gravely LE, Newton RP, Geiss VL. Bw process: IV Evaluation of low nicotine cigarettes used for consumer product testing. British American Tobacco. Bates No. 402371546–59; 1973 (http://legacy.library.ucsf.edu/tid/zso05a99/).

[217] York JE. Control of nicotine in tobacco and cigarette smoke. American Tobacco.Bates No. 950796661–6; 1977 (http://legacy.library.ucsf.edu/tid/ywy90a00/).

[218] Rickett FL, Pedersen PM. A review of methods for reduction of nicotine in tobacco. American Tobacco. Bates No. 950643646–55; 1980 (http://legacy.library.ucsf.edu/tid/rgd90a00/).

[219] Ashburn G. Vapor-phase removal of nicotine from smoke. RJ Reynolds. Bates No. 500937661–714; 1961 (http://legacy.library. ucsf.edu/tid/cyo59d00).

[220] Green CR. Denicotinization of low nicotine, high sugar flue cured tobacco. RJ Reynolds. Bates No. 504804962–3; 1979 (http://legacy. library.ucsf.edu/tid/jwm55d00).

[221] Kassman AJ, Knudson DB, Lilly AC, Sherwood JF. Alkaloid reduced Tobaco(ART) Program Current Status and Plans for 1987. Philip Morris. Bates No.2051841630–44; 1986 (http://legacy.library.ucsf. edu/tid/xth52e00).

[222] Philip Morris. Alkaloid reduced tobacco (ART) program. Philip Morris. Bates No.2063096617–51; 1995 (http://legacy.library.ucsf. edu/tid/xus47d00).

[223] Houghton KS. Monthly development summary—May, 1990. Philip Morris. Bates No. 2022156219–42; 1990 (http://legacy.library.ucsf. edu/tid/ggx44e00).

[224] Gullotta F, Hayes C, Martin B. The effects of nicotine and menthol on electrophysiological and subjective responses. Philip Morris. Bates No.2029213006–18; 1991 (http://legacy.library.ucsf.edu/tid/ ezc69e00).

[225] Philip Morris. Study concept: the electrophysiological and subjective effects of smoking cigarettes with constant nicotine but varying tar

levels. Philip Morris.Bates No. 2025988473–5; 1995 (http://legacy. library.ucsf.edu/tid/vlo46b00).

[226] Ferris Wayne G, Connolly GN, Henningfield JE. Brand differences of free-base nicotine delivery in cigarette smoke: the view of the tobacco industry documents.Tob Control 2006;15:189–98.

[227] Ashley DL, Pankow JF, Tavakoli AD, Watson CH. Approaches, challenges, and experience in assessing free nicotine. Handb Exp Pharmacol 2009;192:437–56.

[228] Gregory CF. Observation of free nicotine changes in tobacco smoke/528. Brown& Williamson. Bates No. 510000667–70; 1980 (http://legacy.library.ucsf.edu/tid/zds24f00).

[229] Shannon D, Walker RJ, Smith NA, Perfetti T, Ingebrethsen B, Saintsing B, et al. We Are Looking at Smoothness from a Different Perspective. RJ Reynolds.Bates No. 508408649–770; 1992 (http:// legacy.library.ucsf.edu/tid/mcq93d00).

[230] Pankow JF, Tavakoli AD, Luo W, Isabelle LM. Percent free base nicotine in the tobacco smoke particulate matter of selected commercial and reference cigarettes. Chem Res Toxicol 2003;16:1014–8.

[231] Watson CH, Trommel JS, Ashley DL. Solid-phase microextraction-based approach to determine free-base nicotine in trapped mainstream cigarettesmoke total particulate matter. J Agric Food Chem 2004;52:7240–5.

[232] Benowitz NL, Jacob P III, Bernert JT, Wilson M, Wang L, Allen F, et al. Carcinogen exposure during short-term switching from

regular to "light" cigarettes. Cancer Epidemiol Biomarkers Prev 2005;14:1376–83.

[233] Benowitz NL, Jacob P 3rd, Herrera B. Nicotine intake and dose response when smoking reduced-nicotine content cigarettes. Clin Pharmacol Ther 2006;80:703–14.

[234] Benowitz NL, Dains KM, Hall SM, Stewart S, Wilson M, Dempsey D, et al.Progressive commercial cigarette yield reduction: biochemical exposure and behavioral assessment. Cancer Epidemiol Biomarkers Prev 2009;18:876–83.

[235] Henningfield JE, Fant RV, Tomar SL. Smokeless tobacco: an addicting drug.Adv Dental Res 1997;11:330–5.

[236] Hatsukami DK, Lemmonds C, Tomar SL. Smokeless tobacco use: harm reduction or induction approach? Prev Med 2004;38:309–17.

[237] Henningfield JE, Shiffman S, Ferguson SG, Gritz ER. Tobacco dependence and withdrawal: science base, challenges and opportunities for pharmacotherapy.Pharmacol Ther 2009;123:1–16.

[238] Wayne GF, Connolly GN, Henningfield JE, Farone WA. Tobacco industry research and efforts to manipulate smoke particle size: implications for product regulation. Nicotine Tob Res 2008;10:613–25.

[239] Becker KM, Rose JE, Albino AP. A randomized trial of nicotine replacement therapy in combination with reduced-nicotine cigarettes for smoking cessation.Nicotine Tob Res 2008;10:1139–48.

[240] Rose JE. Disrupting nicotine reinforcement: from cigarette to brain. Ann N Y Acad Sci 2008;1141:233–56.

[241] DeGrandpre RJ, Bickel WK, Hughes JR, Higgins ST. Behavioral

economics of drug self-administration. III. A reanalysis of the nicotine regulation hypothesis.Psychopharmacology 1992;108:1–10.

[242] Shahan TA, Bickel WK, Madden GJ, Badger GJ. Comparing the reinforcing efficacy of nicotine containing and de-nicotinized cigarettes: a behavioral economic analysis. Psychopharmacology 1999;147:210–6.

[243] Shahan TA, Bickel WK, Badger GJ, Giordano LA. Sensitivity of nicotine-containing and de-nicotinized cigarette consumption to alternative non-drug reinforcement:a behavioral economic analysis. Behav Pharmacol 2001;12:277–84.

[244] Shahan TA, Odum AL, Bickel WK. Nicotine gum as a substitute for cigarettes: a behavioral economic analysis. Behav Pharmacol 2000;11:71–9.

[245] Johnson MW, Bickel WK, Kirshenbaum AP. Substitutes for tobacco smoking:a behavioral economic analysis of nicotine gum, denicotinized cigarettes, and nicotine-containing cigarettes. Drug Alcohol Depend 2004;74:253–64.

[246] West RJ, Jarvis MJ, Russell MA, Carruthers ME, Feyerabend C. Effect of nicotine replacement on the cigarette withdrawal syndrome. Br J Addict 1984;79:215–9.

[247] Zacny JP, Stitzer ML. Cigarette brand-switching: effects on smoke exposure and smoking behavior. J Pharmacol Exp Ther 1988;246:619–27.

[248] Strasser AA, Lerman C, Sanborn PM, Pickworth WB, Feldman EA.

New lower nicotine cigarettes can produce compensatory smoking and increased carbon monoxide exposure. Drug Alcohol Depend 2007;86:294–300.

[249] Harris AC, Pentel PR, Burroughs D, Staley MD, Lesage MG. A lack of association between severity of nicotine withdrawal and individual differences in compensatory nicotine self-administration in rats. Psychopharmacology 2011;217:153–66.

[250] Roiko SA, Harris AC, LeSage MG, Keyler DE, Pentel PR. Passive immunization with a nicotine-specific monoclonal antibody decreases brain nicotine levels but does not precipitate withdrawal in nicotine-dependent rats. Pharmacol Biochem Behav 2009; 93:105–11.

[251] Walker N, Howe C, Bullen C, Grigg M, Glover M, McRobbie H, et al. The combined effect of very low nicotine content cigarettes, used as an adjunct to usual Quitline care (nicotine replacement therapy and behavioural support), on smoking cessation: a randomized controlled trial. Addiction 2012;107:1857–67.

[252] Hatsukami DK, Hertsgaard LA, Vogel RI, Jensen JA, Murphy SE, Hecht SS, et al. Reduced nicotine content cigarettes and nicotine patch. Cancer Epidemiol Biomarkers Prev 2013;22:1015–24.

[253] Perkins KA, Gerlach D, Broge M, Fonte C, Wilson A. Reinforcing effects of nicotineas a function of smoking status. Exp Clin Psychopharmacol 2001;9:243–50.

[254] Doran N, Schweizer CA, Myers MG. Do expectancies for reinforcement from smoking change after smoking initiation?

Psychol Addict Behav 2011;25:101–7.

[255] McQuown SC, Belluzzi JD, Leslie FM. Low dose nicotine treatment during early adolescence increases subsequent cocaine reward. Neurotoxicol Teratol 2007;29:66–73.

[256] Connolly GN. The marketing of nicotine addiction by one oral snuff manufacturer.Tob Control 1995;4: 73–9.

[257] Barrett SP, Darredeau C. The acute effects of nicotine on the subjective and behavioural responses to denicotinized tobacco in dependent smokers. Behav Pharmacol 2012;23:221–7.

[258] Tidey JW, Rohsenow DJ, Kaplan GB, Swift RM, Ahnallen CG. Separate andcombined effects of very low nicotine cigarettes and nicotine replacement insmokers with schizophrenia and controls. Nicotine Tob Res 2013;15:121–9.

[259] Joel DL, Denlinger RL, Dermody SS, Hatsukami DK, Benowitz NL, Donny EC. Very low nicotine content cigarettes and potential consequences on cardiovascular disease. Curr Cardiovasc Risk Rep 2012;6:534–41.

[260] Benowitz NL. Toxicity of nicotine: implications with regard to nicotine replacement therapy. Prog Clin Biol Res 1988;261:187–217.

[261] Assali AR, Beigel Y, Schreibman R, Shafer Z, Fainaru M. Weight gain and insulin resistance during nicotine replacement therapy. Clin Cardiol 1999;22:357–60.

[262] Heeschen C, Weis M, Cooke JP. Nicotine promotes arteriogenesis. J Am CollCardiol 2003;41:489–96

[263] Suzuki J, Bayna E, Dalle Molle E, Lew WY. Nicotine inhibits cardiac

apoptosis induced by lipopolysaccharide in rats. J Am Coll Cardiol 2003;41:482–8.

[264] Girdhar G, Xu S, Bluestein D, Jesty J. Reduced-nicotine cigarettes increase platelet activation in smokers in vivo: a dilemma in harm reduction. Nicotine Tob Res 2008;10:1737–44.

[265] Legresley E, Lee K, Muggli ME, Patel P, Collin J, Hurt RD. British American Tobacco and the "insidious impact of illicit trade" in cigarettes across Africa. Tob Control 2008;17:339–46.

[266] Lee S, Ling PM, Glantz SA. The vector of the tobacco epidemic: tobacco industry practices in low and middle-income countries. Cancer Causes Control 2012;23(Suppl 1):117–29.

[267] Joossens L, Raw M. Turning off the tap: the real solution to cigarette smuggling.Int J Tuberc Lung Dis 2003;7:214–22.

[268] Joossens L, Raw M. Progress in combating cigarette smuggling: controlling the supply chain. Tob Control 2008;17:399–404.

[269] Pavananunt P. Illicit cigarette trade in Thailand. Southeast Asian J Trop Med Public Health 2011;42:1531–9.

[270] Mecredy GC, Diemert LM, Callaghan RC, Cohen JE. Association between useof contrab and tobacco and smoking cessation outcomes: a population-based cohort study. Can Med Assoc J 2013; 185:E287–94.

[271] Givel MS. History of Bhutan's prohibition of cigarettes: implications for neo-prohibitionistsand their critics. Int J Drug Policy 2011;22:306–10.

[272] Borland R. Minimising the harm from nicotine use: finding the right

regulatory framework. Tob Control 2013;22(Suppl 1):i6-9.

[273] Czoli CD, Hammond D. Cigarette packaging: youth perceptions of "natural" cigarettes, filter references, and contraband tobacco. J Adolesc Health 2013;54:33-9.

[274] Hyland A, Higbee C, Li Q, Bauer JE, Giovino GA, Alford T, et al. Access to low-taxed cigarettes deters smoking cessation attempts. Am J Public Health 2005;95:994-5.

[275] Hyland A, Laux FL, Higbee C, Hastings G, Ross H, Chaloupka FJ, et al. Cigarette purchase patterns in four countries and the relationship with cessation: findings from the International Tobacco Control (ITC) Four Country Survey. Tob Control 2006;15(Suppl 3): iii59-64.

[276] Licht AS, Hyland AJ, O'Connor RJ, Caloupka FJ, Borland R, Fong GT. How do price minimizing behaviors impact smoking cessation? Findings from the International Tobacco Control (ITC) Four Country Survey. Int J Environ Res Public Health 2011;8:1671-91.

[277] Ahmad S, Billimek J. Estimating the health impacts of tobacco harm reduction policies: a simulation modeling approach. Risk Anal 2005;25:801-12.

[278] Modeling the health benefits of a nicotine standard for tobacco products sold in Canada. Cambridge, Massachusetts: Industrial Economics Inc.; 2013.

[279] Hall W, West R. Thinking about the unthinkable: a de facto prohibition on smoked tobacco products. Addiction 2008;103:873-4.

[280] Le Houezec J, McNeill A, Britton J. Tobacco, nicotine and harm

reduction. Drug Alcohol Rev 2011;30:119–23.

[281] McNeill A, Hammond D, Gartner C. Whither tobacco product regulation? Tob Control 2012;21:221–6.

[282] Arnott D. There's no single endgame. Tob Control 2013;22(Suppl 1):i38–9.

[283] Britton J, McNeil A. Nicotine regulation and tobacco harm reduction in the UK.Lancet 2013;381:1879–80.

[284] Hatsukami DK. Ending tobacco-caused mortality and morbidity: the case for performance standards for tobacco products. Tob Control 2013;22(Suppl 1):i36–7.

[285] O'Connor RJ. Non-cigarette tobacco products: what have we learnt and where are we headed? Tob Control 2012;21:181–90.

[286] Wayne GF, Connolly GN. Regulatory assessment of brand changes in the commercial tobacco product market. Tob Control 2009;18:302–9.

[287] Carter LP, Stitzer ML, Henningfield JE, O'Connor RJ, Cummings KM, Hatsukami DK. Abuse liability assessment of tobacco products including potential reduced exposure products. Cancer Epidemiol Biomarkers Prev 2009;18:3241–62.

[288] Henningfield JE, Hatsukami DK, Zeller M, Peters E. Conference on abuse liability and appeal of tobacco products: conclusions and recommendations.Drug Alcohol Depend 2011;116:1–7.

[289] Mooney ME, Johnson EO, Breslau N, Bierut LJ, Hatsukami DK. Cigarette smoking reduction and changes in nicotine dependence. Nicotine Tob Res2011;13:426–30.

[290] Walker N, Bullen C, McRobbie H. Reduced-nicotine content cigarettes: Is there potential to aid smoking cessation? Nicotine Tob Res 2009;11:1274–9.

[291] Lindson-Hawley N, Aveyard P, Hughes JR. Reduction versus abrupt cessationin smokers who want to quit. Cochrane Database Syst Rev 2012;11:CD008033.

[292] Rooke C, McNeill A, Arnott D. Regulatory issues concerning the development and circulation of nicotine-containing products: a qualitative study. Nicotine Tob Res 2013;15(6):1052–9.

[293] Cahn Z, Siegel M. Electronic cigarettes as a harm reduction strategy for tobacco control: a step forward or a repeat of past mistakes? J Public Health Policy 2011;32:16–31.

[294] Le Houezec J, Aubin HJ. Pharmacotherapies and harm-reduction options for the treatment of tobacco dependence. Expert Opin Pharmacother 2013;14:1959–67.

[295] Dawkins L, Corcoran O. Acute electronic cigarette use: nicotine delivery and subjective effects in regular users. Psychopharmacology 2013;231:401–7.

[296] Dawkins L, Turner J, Crowe E. Nicotine derived from the electronic cigarette improves time-based prospective memory in abstinent smokers.Psychopharmacology 2013;227:377–84.

[297] Dawkins L, Turner J, Roberts A, Soar K "Vaping" profiles and preferences: an online survey of electronic cigarette users. Addiction 2013;108:1115–25.

[298] Eissenberg T. Electronic nicotine delivery devices: ineffective nicotine

delivery and craving suppression after acute administration. Tob Control 2010;19:87–8.

[299] Bullen C, McRobbie H, Thornley S, Glover M, Lin R, Laugesen M. Effect of an electronic nicotine delivery device (e cigarette) on desire to smoke and withdrawal, user preferences and nicotine delivery: randomised cross-over trial.Tob Control 2010;19:98–103.

[300] Shadel WG, Lerman C, Cappella J, Strasser AA, Pinto A, Hornik R. Evaluating smokers' reactions to advertising for new lower nicotine quest cigarettes.Psychol Addict Behav 2006;20:80–4.

[301] Parascandola M, Augustson E, O'Connell ME, Marcus S. Consumer awareness and attitudes related to new potential reduced-exposure tobacco product brands. Nicotine Tob Res 2009; 11:886–95.

[302] Connolly GN, Behm I, Healton CG, Alpert HR. Public attitudes regarding banning of cigarettes and regulation of nicotine. Am J Public Health 2012;102:e1–2.

[303] Fix BV, O'Connor RJ, Fong GT, Borland R, Cummings KM, Hyland A. Smokers' reactions to FDA regulation of tobacco products: findings from the 2009 ITC United States survey. BMC Public Health 2011;11:941.

[304] Pearson JL, Abrams DB, Niaura RS, Richardson A, Vallone DM. Public support for mandated nicotine reduction in cigarettes. Am J Public Health 2013;103:562–7.